JN233444

量子力学を学ぶための
解析力学入門

増補第2版

高橋 康

解析力学をはじめるにあたって，多くの学生が悩むのは，それがなんだかたいへん形式的で，"変分"したり，"変数変換"したり，いったいなんのためにこんな抽象的なことをやるのかということである．私自身も，解析力学をはじめて勉強した当時はさっぱりわからなくて，先生や先輩をつかまえてはつまらない質問をしていたことを思い出す．今にして思えば，けっきょくそれほどむすかしいことをやっていたわけではなく，Lagrange形式とかHamilton形式の強みは，変数の変換（たとえば $x \cdot y \cdot z$ 座標を使っても，球面座標 $r \cdot \theta \cdot \varphi$ を使ってもという意味）に対して，それらが形式的に変わらないということに要約されるのだと思う．どのような変数を選んでも形は変わらないから，物理的に便利な変数を選んで問題を解こうという考えである．解析力学は，どのような範囲の変数変換が許されるかを教えてくれるが，具体的な問題が与えられた際にどのような変数をとるのがよいかは，個人個人の"勘"による．先に述べたダブリンのSynge先生などは手を使って，時間をかけ練習を積んでいかれたのだろう．ちょうど幾何学における補助線の引き方のようなものである．

講談社サイエンティフィク

第1版への序

　量子力学の初歩的なことを理解するために必要な，最小限度の解析力学をまとめたのが本書である．量子力学をSchrödinger方程式から入っていく波動力学の立場から勉強する場合，あまり詳しい解析力学の知識は必要ないが，Hamiltonianとはどんなものかという簡単な知識があると，大いに助かる．もう少し進んで，行列力学や，波動力学と行列力学を統一的に論ずるDiracの立場では，古典解析力学を理解しておくことが絶対に必要である．ただし，古典解析力学全体に精通している必要はなく，正準変換論，特にPoisson括弧による正準変換論が重要である．ところが，これまでに出版されている古典力学の教科書の中で，特に量子力学の勉強のために焦点をしぼった本は意外に少なく，かといって，大部の古典力学の本から，量子力学に必要な章だけを抜き出して勉強するというようなことは，初歩の学生には不可能であろう．

　解析力学は，元来抽象的なもので，はじめて学ぶ多くの学生は，いろいろととまどうことの多い学問である．著者自身，大学に入ってすぐ山内恭彦先生の一般力学に苦しめられたうらみは，いまだに忘れることができない．しかし，このうらみも年がたつに従って薄れてきたようだから，本書を書くにあたって，ずいぶんやさしく，くどいくらい計算や説明をしたつもりだが，まだ足りないかもしれない．この点は，あとで機会があれば，十分改良するつもりだが，今回は，この方向への第0近似としての役割を果たすことができれば幸いである．

古典解析力学を説明するにあたって，本書で特に注意した点は，変数変換に対して形の変わらない形式を探すという立場で一貫したことである．この立場から，Lagrange 形式と Hamilton 形式を導入した．実は，この立場からすると，いわゆる変分原理は不要になる．変分原理には，技術的な意義のほかに哲学的な重要性があるが，量子力学の勉強のためには，それは一応不必要といってよいだろう．しかし，あまり非伝統的なやり方に従うと，この書を読みながら，他の伝統的な本を参照することが不可能になる．したがってここでは，変分原理を用いないやり方は，1 章の演習問題とし，本文では伝統的な方法に従った．何となく伝統に従うことを好まない進歩的な読者は，演習問題 1 の 6 をやってみて，それから直接 4 章へとんでくださってかまわない．

とにかくこの本は，量子力学のみを頭において書いたもので，古典力学の問題を解くことなど意図していないから，はじめからその覚悟をしておいていただきたい．

本書を書くにあたって，旧友田代栄之輔氏は，終始貴重な助言と激励をくださった．特に彼は，教壇に立って上から学生に講義をする態度ではなく，学生諸君とテーブルを囲んで，お茶でも飲みながら解析力学を学ぶ態度で執筆せよという強い注文をつけてくださった．もしこれが達せられていたとしたら，全く彼のおかげである．また東大大学院学生の宮下精二君は，学生の立場から原稿を通読して，いろいろと有益な意見を述べてくださった．両氏に心から感謝する．

1977 年 7 月 30 日　エドモントンにて
高橋　　康

増補第2版への序

"量子力学を学ぶための解析力学入門"を書いたのはもう20年以上前のことになる．幸いにして，読者の方々から多大の御支援を得ることができた．力学は，物理学の中でも特に完成度の高い分野で，量子力学に入るための力学は過去20年間に特に発展したわけではない（これは著者の不勉強のためそう見えるのかもしれない）．しかし，力学の重点は，近代物理学の発展とともに徐々に移行していく．特に物理学を物理系の対称性からながめていこうという傾向が強くなった．そこで重要性が再認識されたのが，Noetherの恒等式およびそれからの結論である（Noetherの恒等式は1918年）．

増補第2版では，第1版の付録にあった"不変性と保存則"を本文に昇格させ，それにいくつかの詳しい解析と例をつけた．7章がそれである．この章の内容は，量子力学への技術的入門には必要ないことかもしれない．しかし，物理系を対称性から見ていこうというアイディアは，基本的であり応用も広いので，この機会に紹介しておくことにした．

2000年7月

高橋　康

目　　　次

第 1 版への序 ……………………………………………………………… iii
増補第 2 版への序 ………………………………………………………… v
量子力学をこれから学ぶ人への助言 …………………………………… 1

1 章　Euler-Lagrange および Hamilton の方程式

1.1　はじめに ……………………………………………………………13
1.2　Newton の運動方程式 ……………………………………………14
　　不必要な計算 ………………………………………………………16
　　運動方程式の変形 …………………………………………………19
1.3　Euler-Lagrange の方程式 …………………………………………22
　　一般化座標 …………………………………………………………23
　　座 標 変 換 …………………………………………………………24
1.4　Hamilton の方程式 …………………………………………………27
　　例 ……………………………………………………………………29
演習問題 1 …………………………………………………………………32

2 章　Hamilton の原理（変分原理）

2.1　はじめに ……………………………………………………………34
2.2　作 用 積 分 …………………………………………………………35

2.3　Euler-Lagrange の方程式の導出 …………………………………35
2.4　Hamilton の原理 ………………………………………………37
　　例 1 —— ポテンシャル中の 1 粒子 ………………………40
　　例 2 —— 2 粒 子 系 ……………………………………………43
　　例 3 —— 自 由 粒 子 ……………………………………………44
　　例 4 —— 非線形振動 ………………………………………47
演習問題 2 ……………………………………………………………50

3 章　正準形式の理論

3.1　は じ め に ……………………………………………………51
3.2　Hamiltonian ……………………………………………………52
3.3　正準運動方程式 ………………………………………………54
　　例 1 —— 調和振動子 …………………………………………55
　　例 2 —— 中心力場の中の 1 粒子 …………………………55
　　例 3 —— 荷電粒子の電磁相互作用 …………………………57
演習問題 3 ……………………………………………………………59

4 章　正 準 変 換

4.1　は じ め に ……………………………………………………61
4.2　変分原理と正準方程式 ………………………………………62
4.3　正準変数の変換 ………………………………………………64
　　例 1 ……………………………………………………………66
　　例 2 ……………………………………………………………67
4.4　恒 等 変 換 ……………………………………………………69
4.5　無限小変換 ……………………………………………………70
　　例 3 —— 座標の無限小推進 …………………………………71
　　例 4 —— 無限小回転 …………………………………………73
　　例 5 —— 時 間 推 進 …………………………………………75
演習問題 4 ……………………………………………………………76

5章　Poisson 括弧

- 5.1　はじめに …………………………………………………… 78
- 5.2　Poisson 括弧の定義 ………………………………………… 79
- 5.3　Poisson 括弧と正準変換 …………………………………… 80
  - 例 1 ……………………………………………………………… 81
- 5.4　Poisson 括弧の不変変換に対する正準性 ………………… 82
- 5.5　Poisson 括弧の性質 ………………………………………… 85
- 5.6　正準方程式 …………………………………………………… 85
- 5.7　Poisson 括弧と無限小変換 ………………………………… 87
  - 例 2 ── 2 粒子系 …………………………………………… 88
  - 例 3 ── 中心力場の中の粒子 ……………………………… 88
- 演習問題 5 ………………………………………………………… 89

6章　位相空間

- 6.1　はじめに …………………………………………………… 91
- 6.2　位相空間 …………………………………………………… 92
  - 例 ………………………………………………………………… 92
- 6.3　Liouville の定理 …………………………………………… 94
- 6.4　非圧縮性流体 ……………………………………………… 96
- 演習問題 6 ………………………………………………………… 97

7章　Lagrangian の対称性と物理量の定義

- 7.1　はじめに …………………………………………………… 98
- 7.2　Lagrangian の多様性 ……………………………………… 99
  - 例 1 ── 2 個の調和振動子 ………………………………… 99
  - 例 2 ── 互いにポテンシャルで相互作用している 2 粒子の系 ……… 101
- 7.3　物理量と Lagrangian の対称性 …………………………… 104
  - 例 3 ── 座標の無限小推進 ………………………………… 106

   例4 —— 3次元空間における回転 ……………………………107
7.4 時間変化を含む変換に伴う Noether の恒等式 ……………………107
   例5 —— 時間推進 ……………………………………………………111
7.5 注意とまとめ ……………………………………………………112
   例6 —— Galilei 変換 ………………………………………………113
演習問題7 ………………………………………………………………116

付　　　録

 A. Lagrange の未定係数法 ………………………………………118
 B. Legendre 変換 …………………………………………………123
 C. 場の理論への拡張 ……………………………………………129

演習問題略解 ……………………………………………………………139
参 考 文 献 ………………………………………………………………149
あ と が き ………………………………………………………………150
索　　　引 ………………………………………………………………153

量子力学をこれから学ぶ人への助言

　私が量子力学を勉強しはじめたのは，1940年代の末である．量子力学が確立されたのは1925～26年であるから，そのときはだいたい量子力学が20歳代のころだったといってよい．ずいぶん古い話に聞こえるかもしれないが，その当時すでに量子力学は大学（旧制）の正課に取り入れられていたし，教科書としてもDiracをはじめBorn-Jordan, von Neumann, Pauliといった古典から，日本語では，仁科先生達のものが岩波講座の中にあり，山内先生や湯川先生の本が出版されたばかりであった．もうすでにできあがった立派な理論として，われわれは疑いもなくそれらを勉強した．今にして思うと，量子力学がその当時そんなに若い学問であるとは考えもしなかったのが不思議である（それ以来30年を経たが，それ以後の基礎理論の進歩のなんと遅いことか）．量子力学の拡張としての"場の理論"が，内部矛盾を含みながらいまだに新しい学問のような印象を与えている．大学の物理学科においてすら，場の理論は大学院に入ってからはじめて教えられる状態である．
　一方場の量子論は，高いエネルギーの領域における素粒子のふるまいを扱う理論として発展してきたが，近来は物性論や多体問題のような低いエネルギーの領域でも使われるようになった．生物物理の領域でも，量子力学はすでに使われているし，場の量子論が使われる日も間近いことであろう．事実，流体力学や弾性論，固体の中の結晶転移論などのいわゆる古典論つまりPlanck（プランク）定数hが直接出てこないような物理的対象を，微視的理論（つまり

量子力学や場の量子論）から導き出す技術も，徐々に開拓されつつあり，これから物理学やその近傍の領域の研究者や，応用に携わる者にとっては，量子力学を完全にマスターすること（哲学的な理解は別として，技術的な点のマスター）が絶対に必要となるのではなかろうか．欲をいえば，そのうえ場の量子論の考え方やいろいろなテクニックを知っておくことは断然有利である．

　ところが，量子力学は，意外にとっつきにくい，不確定性原理だとか，非因果性だとか妙に神秘的なことばにわずらわされてしまう．そればかりではない．よく知られているように，量子力学や場の量子論は，古典力学におけるHamilton（ハミルトン）の形式のうえにたてられている．したがって量子力学をじっくり勉強するためには，古典力学におけるHamilton形式を理解しておくことが必要である．しかし，古典力学におけるHamilton形式は，大学の物理学科以外では，あまりお目にかからないしろもので，しかもたいへん抽象的であり，独学するにはちょっとたいへんである．そこで，一応古典力学の初歩つまり，Newton（ニュートン）力学とその簡単な例題を勉強した人が，これから量子力学に進もうという場合，直ちに困難にぶつかる．

　古典力学はいうまでもなく完成された体系である．"学"とつくと一応完成されたもので，いまだ完成途上のものは"…論"というのだそうだが，その意味では量子力学も完成された体系的なもので，今までたびたび出てきた"場の量子論"は，まだ論ずることの多い未完成なものかもしれない．とにかく，古典力学はNewtonからLagrangeやHamiltonに終わる完成された体系で，かなり原理的なものに話を限っても，たとえば，山内先生や伏見先生の名著に見られるように相当大部のものになる．山内先生や伏見先生の本を完全に読破しないと量子力学へは進めないものであろうか．もしそうだとすると，これはずいぶんしんどい．私が学生のとき，苦心さんたんして読んだ山内先生の本のうちで，今になって考えてみて，量子力学を勉強するとき本当に役にたったことは，正直にいってほんの一部にすぎなかったと思う．ほとんどの議論は忘れてしまったし，必要ならそのつど見直せばよいことが大部分である（特に大学で力学を教えるときは，終始見直さなければならない．ということは，教えられるほうは力学の本を見直さないでよいほど，すべてにわたって理解する必要

はないということではなかろうか）．古典力学のいろいろな問題がすらすらと解けるようにならないと量子力学に進めないのなら，私など，とうの昔に沈没してしまっているはずである．事実，日本の大学の入学試験に出る古典力学の問題をながめてみると，私にはさっぱり解けない．少し余談になるが，しっかりした古典物理学者というものは，全く問題を解くのがうまいものである．私がダブリン高等科学研究所に在職中，月水金の3日，研究所では午前11時から，所長のSynge（シン）教授とLanczos（ランチョス）教授，それに若い人々（むろん私はこの中に入る！）を入れて，7～8人くらいでお茶の会をもっていた．このお茶の会は，かしこまったものではなく，図書室の一部のいすもない空間を利用していたものだが，話はつまらないナゾナゾのようなものから，世界の政局や，芸術を論じるといったことや，物理の問題を議論したりするきわめて自由なものであった．議論に熱中してくると，他人のお茶をまちがって飲んだり，チョークをタバコとまちがえて口にくわえたり…といったことがよく起こった．Synge先生はいつもパイプをくわえて，しかも議論が活発になると，マッチをたびたびすって，灰皿がマッチ軸でいっぱいになるのが常だった．こんなことはどうでもよいが，古典力学などに関係したことが問題になると，彼が，黒板にそれを解いていく手法のみごとさには全く感嘆のほかなかった．Lanczos先生は，もっと哲学的・歴史的で，手よりも頭のほうをよく使うといったタイプ．Synge先生は，問題になる変数の選び方，それを簡単に扱う特別な座標系の取り方など，実に天才的といえる．力学にかぎらず，物理学一般にもいえることだが，どのような変数で議論を進めたらわれわれの目的に早く達せられるか，どのような座標系を選んだら，話が簡単になるかということが重要である．

　話がそれたが，量子力学や場の理論をやるために必要なのは，古典力学全体ではなくて，そのうちのほんの一部，すなわちHamilton形式の理論，特に，Poisson括弧の話である（Poissonはポアソンと発音する．それもポア̇ソンではなく，ポアソ̇ーンといえば英語をしゃべる国でも通じる）．Poisson括弧も，古典力学ではずいぶんむずかしいことをやるが，量子力学にいくと話はもっともっと簡単である．ある2つのマトリックスAとBを考えたとき，積ABと

積 BA とは一般には同じではない．そこで，それら2つの差 $AB-BA$ を考えると，まさにこれが，量子力学における Poisson 括弧である．しかし，これではちょっと話が簡単すぎる．安心してはいけない．

では，量子力学を学ぶためには，正直にいっていったいどれくらいの古典力学の知識が必要だろうか．むろん多く知っているにこしたことはないが，物理専攻の学生でないかぎり，そんなに古典力学の奥深く勉強している暇もファイトもないだろう．実は，量子力学に必要な古典力学は，1冊の本にするには足りないほどの量しかない（だから先ほどから余談ばかりしている）．したがって量子力学を学ぶために最小限の古典解析力学をまとめても，なかなか出版してくれる人が見つからない．何か別の本を書いたときに付録として付け加えればよいかもしれないが，今度は付録とするにはちょっと量が多すぎる．このようなわけで，量子力学を大学で講義するために必要な解析力学をまとめておいた私のノートは，今まで日の目を見ることができなかった．最近思いついて，このノートに，毛をはやし，さらに練習問題（しかも，ひねくれた問題の練習ではなく，古典力学のアイディアを理解するのに必要なものだけ）や，それらの略解を加えて，旧友である講談社の田代氏に話したところ，やっと出版の運びとなったわけである．したがって，この本を読んだとしても，古典力学の計算問題は絶対に上手にはならない．それは目的が違う．古典力学の問題を解くには，量子力学や場の量子論をやるのとは全く違った才能が必要である．先にお話した Synge 先生や Lanczos 先生などをみると，私などには，こんなまねはけっしてできないとつくづく思う．古典力学が上手になりたかったら，こんな本を読まずにもっと高級なものを読むことをおすすめする．

さて，ついでだから書くが，量子力学を学ぶためには，古典力学における Hamilton や Poisson の議論のほかに，何が必要か．微積分を知っていれば十分か．残念ながら，それでは困る．いわゆる波動力学だけを知りたい場合でも，簡単な微分方程式の知識をもっていると大いに助かる．ただし，おおかたの波動力学の本には，調和振動子や Coulomb（クーロン）ポテンシャルの中の電子の運動の Schrödinger（シュレーディンガー）方程式による取り扱いがこまごまと述べられているから，一応，微分方程式論をあらかじめ勉強しておかな

くても全くちんぷんかんぷんということはないが，微分方程式とは，どうして解くものかという一般原理を知っておいたほうがよい．ここで，Hermite（エルミート）の多項式とか，Laguerre（ラゲール），Bessel（ベッセル）の関数などが出てくる．これらも，たいがいは，その場で詳しく説明してあることが多いから，あらかじめ知っている必要はなかろうと思われる．Landau（ランダウ）にいわせれば，数学はあらかじめ知っておかないと，物理を勉強するとき複雑な計算に気をとられて，物理的本質を見のがすおそれがある．そはほんとうかもしれないが，特にLandauのような大物理学者がいうことだからほんとうだろうが，私の経験は，大学を出たあとで，物理学の発展に従っていろいろと新しい数学が必要になったことが多く，必要にせまられたとき勉強したほうが身につくのではないだろうか．ただし，これにも年齢の制限があるので，いつまでもそううまくいくとはかぎらない．しかし，これはたぶんに各自の好みの問題である．自分のもっている知識だけを新しい問題に対して，実にうまく活用するといったタイプの人もたくさんいる．

　調和振動子とか，Coulombポテンシャルの中の電子の運動など，波動力学で正確に解ける問題は数が限られている．このような問題は，一度勉強したら最後，あとで教職にでもついて波動力学の講義でもすることにならないかぎり，必要となることはほとんどない．必要となれば，教科書を見直せばよい．大部分の問題は，正確に解けないから，古典解析力学で勉強した正準変換の知識を活用して，できるだけ物理的な問題に変換することを考える．どうしようもなかったら，数値計算に訴える．ただし，あまりいさぎよく数値計算にもっていくとはじをかくことがある．私の物理教室には，たいへん有能なcomputer analystがいて（彼は日系二世），数値計算をもっていくと，数値計算を用いないで即座に厳密解をもってきてくれる（私はまだそんなことはない！）．近似計算については，あとでまた触れよう．

　簡単な微分方程式の知識ではまだ十分ではない．Fourier（フーリエ）級数やFourier積分の知識は不可欠である．Fourier積分はその後，場の理論などを勉強する際絶対必要になるので，どちらにせよ量子力学でうんと慣れておくことである．Fourier積分の勉強は，ただしあまり数学的すぎると動きがとれ

なくなる．量子力学には，数学者のきらいな Dirac の δ 関数（数学者は Dirac をきらいなのではなくて，δ 関数がきらいなのである）が出てくるからである．したがって Fourier 積分論も，あまり数学的な点にこだわらず，なるべく早くすませて，あとは量子力学の中で，その使い方，考え方に慣れることである．これだけで，Schrödinger 方程式に基づく波動力学は十分わけがわかるはずである．欲をいえばきりがないが……．

　さてもう少し欲を出して，波動力学から行列力学，量子力学をさらに深く勉強しようと思ったら，上述した Hamilton 形式の古典力学，初歩の微分方程式論，Fourier 級数および積分では足りない．これもあまり数学的な点にこだわる必要はないが，いわゆる線形代数学が必要になる．というのは，少し抽象的な量子力学では古典力学における力学量，たとえば粒子の位置 x とか，運動量 p とか，角運動量 L とかが，線形演算子（線形作用素と数学者はいう）になってしまうからである．線形演算子なら，それらが働きかける被演算物が必要であろう．それが波動力学における Schrödinger の波動関数を抽象化したもので，通常それを Hilbert（ヒルベルト）空間におけるベクトルとして扱う．この段階で，波動力学における Schrödinger 方程式の意味がよくわかるようになる（これまでは Schrödinger 方程式は，与えられた微分方程式でその解を適当に解釈すると，うまく水素原子のスペクトルなどが導けると思っていたほうが悩みが少ない）．Hilbert 空間というと，またまたむずかしい数学に巻き込まれてしまいそうだが，あまり数学的正確さにこだわらず，通常の3次元空間の次元を形式的にどんどん増やして，無限大までもっていったと思っていてだいたいさしつかえない．この際，Fourier 級数の知識が大いに助けとなる．Dirac の教科書には，彼なりの説明や記号が導入してあるから，あらかじめ線形代数に精通していなくても不便は感じないと思う．Hilbert の話が出たついでにまた，余談を1つ．Hilbert のもとには，彼について研究し，学位を取ろうという学生がたくさんいた．彼が親切な先生であったかどうか知らないし，この話も，ほんとうかどうか知らないが，彼はよくこんなことをいっていたそうである．"これらの学生のために，自分が論文を全部書いてやってもよいのだが，問題なのは，彼らが私の書いた論文を理解できるかどうかだ"．

とにかく Hilbert という人は，ずばぬけて頭のよい人だったようだ．

　さて抽象的な量子力学の段階では，前に扱った Schrödinger 方程式を解く際出てきたいろいろな高級な関数（Hermite，Laguerre など）は全然出てこなくなる．Schrödinger の波動関数のような具体的なもの（古典力学に比べると，これでもずいぶん抽象的なものだが）は，抽象的な Hilbert 空間のベクトルになってしまい，それにまつわる代数演算が主役になって微分方程式の知識はほとんどいらなくなる（数学者は，同じものではないかというかもしれない）．ただしここでも再び，正確に扱えるのは，調和振動子と Coulomb ポテンシャル中の電子の問題くらいで，それらはもうすでに解が知られており，現実的には何の役にもたたないようにみえる．しかし，必ずしもそうでもない．というのは，そのような新しい抽象的な考え方が，間接にいろいろと役にたつので，全然それらを勉強しておかないと困ることになるだろう．事実，場の量子論に移ると，代数的な方法だけに頼らなければならなくなる．ここでは調和振動子で勉強した代数学が縦横に活躍する．古典力学において微積分が絶対必要であったのと同様に，場の量子論では調和振動子の代数が絶対必要となる．しかも調和振動子の代数学は，解析力学における Hamilton の方法と密接に関係している．極端にいうと，場の量子論では，調和振動子の代数をいかにうまく使うかにかかっているといってもよいほどである．

　場の量子論に触れたついでにいうと，場の理論では古典力学における解析力学の知識が再び必要になる．今度は，Hamilton 形式よりむしろ Lagrange 形式が重要である．通常の古典力学の教科書には，場の理論を扱う手法があまり詳しく書かれていないし，場の理論を解析力学の立場から論じた本も数えるほどしかない．場の理論は，無限自由度をもった力学系と同等だが，今のところ，有限自由度の場合に成り立つ形式をそのまま無限自由度に拡張して用いている．こんなところに場の理論において基本的な困難が生ずる原因があるかもしれないが，今のところどうしようもない．場の理論における Lagrange 形式では，有限自由度の際あまり重要でなかったようなことが案外重要になる．たとえば，理論のある変換に対する不変性と，保存則を関係づける Noether（ナーター）の定理など，古典力学の本で議論されているのをあまり見ないが，

場の理論では重要である．たとえば，東京である時刻に成り立つ物理法則は，その後の別の時刻でも真理である．これが，実は，エネルギーの保存則と結びついている．また，同じ法則は同時に別のところ，たとえばロンドンでも成り立つ．このように場所を変えても，物理法則が変わらないということが，実は運動量の保存則と関係している．もし物理法則が，空間や時間を移動することによって変わってしまうなら，学生が先生の講義をノートすることなど意味がなくなってしまう．不変性と保存則を結びつけるものが Lagrangian（ラグランジアン）であり，Hamiltonian（ハミルトニアン）である．これが，解析力学を勉強しなければならない1つの理由でもある．

　解析力学をはじめるにあたって，多くの学生が悩むのは，それがなんだかたいへん形式的で，"変分"したり，"変数変換"したり，いったいなんのためにこんな抽象的なことをやるのかということである．私自身も，解析力学をはじめて勉強した当時はさっぱりわからなくて，先生や先輩をつかまえてはつまらない質問をしていたことを思い出す．今にして思えば，けっきょくそれほどむずかしいことをやっていたわけではなく，Lagrange 形式とか Hamilton 形式の強みは，変数の変換（たとえば x-y-z 座標を使っても，球面座標 r-θ-ϕ を使ってもという意味）に対して，それらが形式的に変わらないということに要約されるのだと思う．どのような変数を選んでも形が変わらないから，物理的に便利な変数を選んで問題を解こうという考えである．解析力学は，どのような範囲の変数変換が許されるかを教えてくれるが，具体的な問題が与えられた際にどのような変数をとるのがよいかは，個人個人の"勘"による．先に述べたダブリンの Synge 先生などは手を使って，時間をかけ練習を積んでいかれたのだろう．ちょうど幾何学における補助線の引き方のようなものである．ただし，この本では，古典力学をじょうずに解くことを目的としていないから，そのような実用性は一応度外視しておこう．

　実用性は別として，重要なことはもっと哲学的，統一的に物理系をみることが可能になるという点であろう．Lagrange または Hamilton の立場では，われわれに与えられている物理系を，たった1つの関数で特徴づけるという立場をとる．その関数が Lagrangian であり，または Hamiltonian である．その

いずれかが与えられると，各自由度の運動方程式とか，物理量の定義とか保存則とかすべてが与えられる．したがって Lagrange や Hamilton の立場では，力学系に属する粒子は孤立したものとは考えないで，力学系全体の中の一員とみなす立場をとる．この点が実は量子力学でたいへん重要になるわけである．量子力学では，ある物理量の値を決めるものはその瞬間におけるその近傍のものだけでなく，系全体が関係してくる．したがって系全体を代表するものがどうしてもなくてはならない．この点，Newton の立場とは全く異なっている．Newton の立場では，たとえば1つの粒子の位置は，そのときのその粒子の働く力を知れば（もちろん，初期値や初速度が与えられなければならない）決まるはずで，遠くのほうにどんな粒子があるかなど考えなくてもよい．つまり1つの粒子を孤立して考える立場である．

　もう1つ重要なことは，電磁法則を記述する Maxwell の方程式とかいったいわゆる力学系でない系についても，Lagrange や Hamilton の形式をあてはめることができるという点である．したがって，力学系を量子論的に扱うために Hamilton 形式が必要ならば，全く同じ手法が，たとえば電磁系にも使えることになる．つまり，電磁系を Hamilton 形式で書くと，それの量子論的取り扱いが可能となる．同様に，重力場に関する Einstein の理論を Hamilton 形式に書くと，重力場を量子論的に扱えるはずであろう．このように，"場"を量子力学的に扱うことは，通常の量子力学の範囲では議論されず，場の理論まで待たなければならない．この本では，簡単な場の理論を付録に加えた．Fourier 積分を知っている方は，ちょっとながめてくださるとよい．そこでは，"場"が調和振動子の集まりに変わってしまう．したがって調和振動子の量子力学を使うと，直ちに場の量子論に移行できるわけである．この点，量子力学を勉強するとき，はじめに光の二重性（粒子性と波動性）のことをさんざん聞かされながら，Schrödinger 方程式が出てくるやいなや，光のことはいっさい議論されなくなることに不満を感ずることになるが，もう一息がんばって場の量子論まで手を伸ばすことをおすすめする．

　今までの長い話をまとめると次のようになる．粒子とか，電磁場とかの古典論が与えられたとき，それを解析力学を用いて Hamilton 形式に直すと，量子

力学への移行は簡単である．それを扱うためには，技術的な意味で，Fourier 積分や線形代数が少々必要である．

　しかし，この点誤解をしては困るが，量子力学はそれに対応する古典論がないとうまくいかないということではない．量子論的な Hamilton 形式は，それに対応する古典論が存在しないこともある．量子力学で基礎になるのは，いわゆる Heisenberg の運動方程式（これは Schrödinger 方程式と同等）であって，そこでは，古典論的対応物があろうとなかろうと，量子力学的な Hamiltonian が主役を演ずる．そして Heisenberg の運動方程式こそが，革命的な実験事実，すなわち（振動数）×(Planck 定数)＝エネルギー　という簡明な表現なのである．この式はなんでもないようだが，左辺には振動数という波動論のことばが入っているのに対して，右辺にはエネルギーという粒子的なことばが入っている．数値的には簡単な比例関係だが，概念的にはたいへんむずかしい意味を含んでいる．これが量子力学の基礎になっているわけである．

　今まで群論については触れなかったが，これを気にしている読者も多いかもしれない．量子力学を学ぶために群論は必要か．これは私に関するかぎり不必要といってよい．ひところ（私よりひと昔前の話），gruppen pest というのが流行した時代があったそうである．その病に冒された先輩諸先生には申しわけないが，量子力学を学ぶためには群論はぜいたく品に属する．量子力学で，水素原子を代数的に扱う場合など，群論が少々出てくることもないとはいえないが，たいていはそのつど説明がしてあるし，あらかじめ数学としての群論をやっても全くむだであろう．群論的に量子力学をながめてみたければ，有名な古典 Weyl（ワイル）の本とか，van der Waerden（バン・デア・ベルデン）の新版がある．また，量子力学や場の量子論で使われる群論は数学者のあまりやらない表現論（群を行列で表す議論）が多いので，群論の気になる人は，物理学者の書いた（誰が物理学者かは読者の判断にまかせる）本を読むべきであろう．しかしもう一度繰り返すが，量子力学を勉強するだけなら群論はいらない．簡単な群の定義くらいを知っていれば十分であろう．ただし将来，結晶学や素粒子論でも勉強しようという人は，今のうちから群の勉強をしておいてもむろん悪くはない．素粒子の分類や相互作用の議論などでは，群論が大いに役

だつ面がある.

　数学のついでに,複素関数論がどれだけいるかについて一言.これもほとんど知らなくてよい.量子力学の散乱問題では簡単な Green 関数が出てくる.Green 関数の Fourier 積分表示には,ちょっとした複素関数論の知識があると便利に違いないが,Cauchy(コーシー)の定理くらい知っていれば十分であろう.再び,素粒子論でも勉強しようと思ったら話は別である(ただし素粒子論の大家でも複素関数論を知らなくてすませている人が大勢いるようである.群論も同じ).

　相対性理論はどの程度知っている必要があるか.量子力学といったら通常は非相対論的量子力学のことで,これは相対性理論とは全然関係がない.したがって Dirac(ディラック)方程式とか,量子電磁力学(荷電粒子と電磁場との相互作用を量子力学的に扱う学問)とかを勉強するまでは相対性理論の知識は全然いらない.そのような学問を勉強するときも直接必要なのは特殊相対性理論に限られている.重力場の勉強は,その道の専門家になる予定でないかぎり必要ないといえよう.ただし,湯川先生がたびたび強調されるように,Einsteinの重力場の理論には技術的な意味でなく,哲学的な重要さがある.つまり,完全な物理学の理論を作るときの考え方のよいお手本になるという意味の重要さは見のがせないであろう.

　最後に,前に少し触れた近似の問題について述べておこう.量子力学の中には,正確に解ける問題は数えられるほどしかない.たいていの場合には正確に解けないから,受験勉強の知識ややり方があまり役にたたない.そこで,どうしてもなんらかの近似方法にたよって答えをひねり出さなければならなくなる.簡単に近似を使うといっても,扱っている物理系にうまくあてはまる近似をしなければならないからしんどいことになる.近似の一般論などを与えることは不可能であろう.そのせいで,量子力学にかぎらず,近似方法の一般論というものは,大学の講義では全然取り上げられることがないのが現状である.また,ある近似を導入した際,その近似がどれだけ悪いかよいかという吟味も,個人個人に任されている.実際的な物理学には,この最後の答えの信用度がいちばん重要なわけだが,この点どうも現在の教育は手うすであるような気

がしてならない．

　以上いろいろと述べたが，本書は，量子力学を学ぶために必要な最小限の解析力学をまとめてみたものである．できるだけやさしく書くことに気を配ったつもりだが，私ももう何十年か前に勉強した課目のむずかしい点など，すっかり忘れてしまったことが多い．ついあたりまえになってしまって，詳しい説明を怠った箇所が多々あると思う．そのような点に気がついたら，近くにおられる先輩や諸先生方をつかまえて根ほり葉ほり聞いてみられるとよい．

1章　Euler-Lagrange および Hamilton の方程式

1.1　はじめに

　質点や質点系や剛体が与えられたとき，それらの運動を論じるのに，おおざっぱにいって2つの段階がある．第1の段階は，系を記述する変数をうまくとり，それを用いて運動方程式をたてる．第2の段階では，その運動方程式をじょうずに解くことである．第1の段階では，通常は直角座標 x-y-z が用いられ，その中での粒子の位置を位置ベクトルで表し，それの2階の時間微分をとって Newton の運動方程式をたてる．これは，Newton の運動方程式が x-y-z 座標で，よく知られた形をしているからである．もし，そうしてたてた運動方程式を解いたとき，粒子の軌道が，たとえばある平面の中に存在することが予想できたならば，あらかじめその平面を x-y 平面と一致するようにとっておくと，z 成分の方程式がいらなくなるから話が簡単になるだろう．

　さらに方程式を解く段階では，よくみるように，直角座標で与えられた方程式を，球面座標 r-θ-ϕ で表しておいたほうが，物理的・数学的に簡単であったり便利であったりすることがある．このように，物理学の問題を扱う場合，座標変換というのはたいへん便利な，かつ重要な概念である．しかし，Newton 方程式を x-y-z 座標で書いておいて，それをたとえば r-θ-ϕ 座標のものに直すのは実際やってみればわかるように，なかなかめんどうなものであ

る．そこで，本章ではまずそのことを確認しておこう．

　ところが，Newton 方程式を直接扱う代わりに別の形式に書いておくと，変数変換がもっともっと簡単にできる．その第1のものがいわゆる Lagrange 形式である．Lagrange 形式は，Newton の形式に比べてかなり抽象的であり，少々理解しにくいかもしれないが，これを理解すると変数変換が実に楽になるから，がまんしてまずこれを勉強していただきたい．次に，もう1つ Hamilton 形式というのがある．これも変数変換にたいへん便利な形式だが，Lagrange 形式に比べさらに抽象的になる．しかし，Hamilton 形式では，Lagrange 形式では許されなかったようなもっと一般の変数変換が許されるから，力学理論としての強力さがさらに倍加される．この章では，簡単な場合について，上の2つの形式を説明しよう．さらにこれらの形式を形式的に拡張整備することは2章以下で行う．量子力学に必要なのは，Hamilton 形式である．

1.2　Newton の運動方程式

　質量 m の質点を考えよう．この質点の位置を示すのに，通常は x-y-z 座標を用いる．それを太字 $\boldsymbol{x}$ で表すと，Newton の運動方程式は，

$$m\frac{d^2\boldsymbol{x}}{dt^2}=\boldsymbol{F} \tag{1.1}$$

と書かれる．ここに右辺の $\boldsymbol{F}$ はこの質点に働く力である．これを適当な初期条件のもとに解くと，質点の位置ベクトル $\boldsymbol{x}$ が定まる．(1.1) 式は，時間に関して2階の微分を含んでいるから，初期条件としてある時間 t_0 における質点の位置と速度の2つを与えてやると，$\boldsymbol{x}$ が定まることになる（これはちょうど犬に石を投げるとき，自分の立っている位置からねらいをつけて，適当な速度で投げないとうまく当たらないという経験と一致している）．運動方程式の含む時間微分の数と，初期条件として与えなければならない物理量の数とがこのように常に一致することは周知であろう．

　以下，力 $\boldsymbol{F}$ をあまり一般的にしておくと話が複雑になるから，$\boldsymbol{F}$ が，ポテンシャル $V(\boldsymbol{x})$ から導かれる場合に話を限ろう．すなわち，

1.2 Newton の運動方程式

$$F = -\nabla V(x) \tag{1.2}$$

が成り立つ場合のみを考える*. このとき Newton の運動方程式は,

$$m\frac{d^2 x}{dt^2} = -\nabla V(x) \tag{1.3}$$

となる.

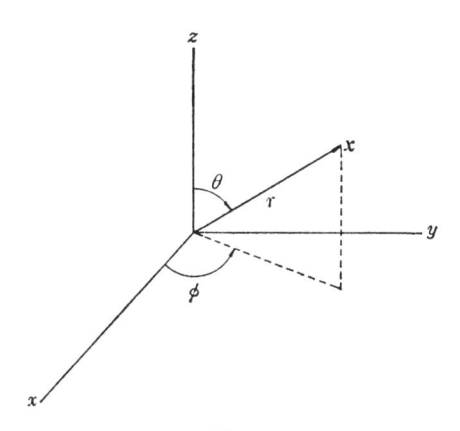

図 1.1

今まで, x-y-z 座標を用いて粒子を表してきたが, 図 1.1 のように, 球面極座標つまり r と θ と ϕ を用いて粒子の位置を表すこともできる. (x, y, z) と (r, θ, ϕ) とは,

$$x = r \sin\theta \cos\phi \tag{1.4a}$$
$$y = r \sin\theta \sin\phi \tag{1.4b}$$
$$z = r \cos\theta \tag{1.4c}$$

で結ばれているから, これらを (1.3) 式に代入して, 2 階微分をたんねんに計算してやると, Newton の運動方程式を, 変数 (r, θ, ϕ) で表すことができる. 結果**は,

$$m\ddot{r} - mr(\dot{\theta}^2 + \dot{\phi}^2 \sin^2\theta) = -\frac{\partial V(r, \theta, \phi)}{\partial r} \tag{1.5a}$$

---

* ∇ (ナブラ) $= \left(\dfrac{\partial}{\partial x}, \dfrac{\partial}{\partial y}, \dfrac{\partial}{\partial z}\right)$. F が (1.2) の形に書けるとき, $V(x)$ をポテンシャルという.

** 以下, 時間微分は, 文字の上の点で表す.

$$\frac{d}{dt}(mr^2\dot{\theta}) - mr^2\dot{\phi}^2 \sin\theta \cos\theta = -\frac{\partial V(r,\theta,\phi)}{\partial \theta} \tag{1.5 b}$$

$$\frac{d}{dt}(mr^2\dot{\phi}\sin^2\theta) = -\frac{\partial V(r,\theta,\phi)}{\partial \phi} \tag{1.5 c}$$

となる．(1.3) から (1.5) の形に変形することは，自らやってみるとわかるが，実にやっかいである．解析力学を勉強すると，(1.3) から (1.5) への変形が比較的容易になるので，この計算をここで展開してみせる必要はないが，あとで示す解析力学の計算より，どんなにやっかいなものであるかを示すために，以下それを書き下しておこう．したがって，この部分は読まなくてもよい．どんなにめんどうなことが，あとでどんなに簡単になるかがわかればけっこうである．

不必要な計算

まず (1.4) の3式を時間微分すると，

$$\dot{x} = \dot{r}\sin\theta\cos\phi + r\dot{\theta}\cos\theta\cos\phi - r\dot{\phi}\sin\theta\sin\phi \tag{a.1}$$

$$\dot{y} = \dot{r}\sin\theta\sin\phi + r\dot{\theta}\cos\theta\sin\phi + r\dot{\phi}\sin\theta\cos\phi \tag{a.2}$$

$$\dot{z} = \dot{r}\cos\theta - r\dot{\theta}\sin\theta \tag{a.3}$$

もう一度微分すると，

$$\begin{aligned}\ddot{x} =\ & \ddot{r}\sin\theta\cos\phi + r\ddot{\theta}\cos\theta\cos\phi - r\ddot{\phi}\sin\theta\sin\phi \\ & - r\dot{\theta}^2\sin\theta\cos\phi - r\dot{\phi}^2\sin\theta\cos\phi \\ & + 2\dot{r}\dot{\theta}\cos\theta\cos\phi - 2\dot{r}\dot{\phi}\sin\theta\sin\phi - 2r\dot{\theta}\dot{\phi}\cos\theta\sin\phi \end{aligned} \tag{b.1}$$

$$\begin{aligned}\ddot{y} =\ & \ddot{r}\sin\theta\sin\phi + r\ddot{\theta}\cos\theta\sin\phi + r\ddot{\phi}\sin\theta\cos\phi \\ & - r\dot{\theta}^2\sin\theta\sin\phi - r\dot{\phi}^2\sin\theta\sin\phi \\ & + 2\dot{r}\dot{\theta}\cos\theta\sin\phi + 2\dot{r}\dot{\phi}\sin\theta\cos\phi + 2r\dot{\theta}\dot{\phi}\cos\theta\cos\phi \end{aligned} \tag{b.2}$$

$$\ddot{z} = \ddot{r}\cos\theta - 2\dot{r}\dot{\theta}\sin\theta - r\ddot{\theta}\sin\theta - r\dot{\theta}^2\cos\theta \tag{b.3}$$

これだけではない．(1.3) の右辺に出てくる ∇ を (r,θ,ϕ) で書かなければならない．それには，

$$\frac{\partial}{\partial x} = \frac{\partial r}{\partial x}\frac{\partial}{\partial r} + \frac{\partial \theta}{\partial x}\frac{\partial}{\partial \theta} + \frac{\partial \phi}{\partial x}\frac{\partial}{\partial \phi} \tag{c.1}$$

$$\frac{\partial}{\partial y} = \frac{\partial r}{\partial y}\frac{\partial}{\partial r} + \frac{\partial \theta}{\partial y}\frac{\partial}{\partial \theta} + \frac{\partial \phi}{\partial y}\frac{\partial}{\partial \phi} \tag{c.2}$$

$$\frac{\partial}{\partial z} = \frac{\partial r}{\partial z}\frac{\partial}{\partial r} + \frac{\partial \theta}{\partial z}\frac{\partial}{\partial \theta} + \frac{\partial \phi}{\partial z}\frac{\partial}{\partial \phi} \tag{c.3}$$

を用いる．右辺の各係数を知るには，(1.4) から得られる式

$$r^2 = x^2 + y^2 + z^2 \tag{d.1}$$

$$\tan \phi = \frac{y}{x} \tag{d.2}$$

$$\tan^2 \theta = \frac{x^2 + y^2}{z^2} \tag{d.3}$$

を利用する．r, θ, ϕ が，独立変数 x, y, z の関数とみて，たとえば第1の式を x で微分すると，

$$\frac{\partial r}{\partial x} = \frac{x}{r} = \sin \theta \cos \phi \tag{e.1}$$

次に y で微分して，

$$\frac{\partial r}{\partial y} = \frac{y}{r} = \sin \theta \sin \phi \tag{e.2}$$

z で微分して，

$$\frac{\partial r}{\partial z} = \frac{z}{r} = \cos \theta \tag{e.3}$$

同様に，第2，第3の式をそれぞれ x, y, z で微分すると，

$$\frac{\partial \theta}{\partial x} = \frac{1}{\tan \theta \sec^2 \theta}\frac{x}{z^2} = \frac{1}{r}\cos \theta \cos \phi \tag{f.1}$$

$$\frac{\partial \theta}{\partial y} = \frac{1}{\tan \theta \sec^2 \theta}\frac{y}{z^2} = \frac{1}{r}\cos \theta \sin \phi \tag{f.2}$$

$$\frac{\partial \theta}{\partial z} = -\frac{1}{\tan \theta \sec^2 \theta}\frac{x^2+y^2}{z^3} = -\frac{1}{r}\sin \theta \tag{f.3}$$

$$\frac{\partial \phi}{\partial x} = -\frac{1}{\sec^2 \phi}\frac{y}{x^2} = -\frac{1}{r}\frac{\sin \phi}{\sin \theta} \tag{g.1}$$

$$\frac{\partial \phi}{\partial y} = \frac{1}{\sec^2 \phi} \frac{1}{x} = \frac{1}{r} \frac{\cos \phi}{\sin \theta} \tag{g.2}$$

$$\frac{\partial \phi}{\partial z} = 0 \tag{g.3}$$

が得られる．(e.1)〜(g.3) を (c.1) に代入すると，Newton の運動方程式の x 成分は，

$$m\ddot{x} = -\sin \theta \cos \phi \frac{\partial V}{\partial r} - \frac{1}{r} \cos \theta \cos \phi \frac{\partial V}{\partial \theta} + \frac{1}{r} \frac{\sin \phi}{\sin \theta} \frac{\partial V}{\partial \phi} \tag{h.1}$$

(e.1)〜(g.3) を (c.2)，(c.3) に代入するとそれぞれ，

$$m\ddot{y} = -\sin \theta \sin \phi \frac{\partial V}{\partial r} - \frac{1}{r} \cos \theta \sin \phi \frac{\partial V}{\partial \theta} - \frac{1}{r} \frac{\cos \phi}{\sin \theta} \frac{\partial V}{\partial \phi} \tag{h.2}$$

$$m\ddot{z} = -\cos \theta \frac{\partial V}{\partial r} + \frac{1}{r} \sin \theta \frac{\partial V}{\partial \theta} \tag{h.3}$$

を得る．さて，これらを (1.5a)〜(1.5c) と比べるためには，たとえば (h.1) に $\sin \theta \cos \phi$ をかけ，(h.2) に $\sin \theta \sin \phi$ をかけ，次に (h.3) に $\cos \theta$ をかけて，3 つの式を全部加え合わせると，

$$m(\ddot{x} \sin \theta \cos \phi + \ddot{y} \sin \theta \sin \phi + \ddot{z} \cos \theta) = -\frac{\partial V}{\partial r} \tag{i}$$

となるが (b.1)〜(b.3) を用いてこの式の左辺を整理すると，やっと (1.5a) が得られる．(1.5b) や (1.5c) も同様にして得られるが，いかに計算がめんどうなものであるかが，これで理解できたと思う．

以下に示すように，Newton の運動方程式をさらに異なった形に書いておくと，このようなめんどうな計算を通さないで話をすませることができる．物理学においては，問題に応じて便利な変数を選びできるだけ早く答えを出さなければならないが，そのつど上のような計算をやるのではたいへんである．たとえば，太陽のまわりの遊星の運動とか，原子核のまわりの電子の運動を古典的に論じる場合は，x-y-z 座標より r-θ-ϕ 座標のほうが便利であることが知られている．次にはもっと一般的にある座標から別の座標に移る近道を考えてみよう．

運動方程式の変形

Newton 方程式が x-y-z 座標で与えられているとき,それを r-θ-ϕ 座標に直す例を上に示したが,方程式が 2 階の時間微分を含んでいるために,微分するたびに項の数が増えて計算がたいへんである.また,ポテンシャルの空間微分を x-y-z 座標から r-θ-ϕ 座標に直すことも上にみたように非常にたいへんである.上の例では,たった 1 つの質点を考えたにすぎないが,それでもうんざりするほど計算しなければならなかった.ところが,これから説明するように Newton の方程式を違った形に書いておくと,上のような手間が省ける.歴史的に,いかに近道が発見されたかはここでは説明しないが,特にこの点に興味があれば,Lanczos(1964) を読んでみるとよい.

さて運動方程式 (1.3) が成り立つ場合,質点の運動エネルギーは,

$$T = \frac{1}{2} m \left(\frac{d\boldsymbol{x}}{dt}\right)^2 \tag{1.6}$$

で与えられ,ポテンシャル $V(\boldsymbol{x})$ との和

$$E = T + V \tag{1.7}$$

が保存される*.つまり,**全エネルギー** E は時間によらない.それをみるには,E を時間微分すればよい.すなわち,

$$\frac{dE}{dt} = \frac{d\dot{\boldsymbol{x}}}{dt} \cdot \frac{\partial T}{\partial \dot{\boldsymbol{x}}} + \frac{d\boldsymbol{x}}{dt} \cdot \frac{\partial V}{\partial \boldsymbol{x}} = \frac{d^2\boldsymbol{x}}{dt^2} \cdot m \frac{d\boldsymbol{x}}{dt} + \frac{d\boldsymbol{x}}{dt} \cdot \boldsymbol{\nabla} V(x)$$

$$= \frac{d\boldsymbol{x}}{dt} \cdot \left\{ m \frac{d^2\boldsymbol{x}}{dt^2} + \boldsymbol{\nabla} V(\boldsymbol{x}) \right\} \tag{1.8}$$

は,Newton の運動方程式 (1.3) が成り立っていれば 0 である.この E は,1 階の時間微分しか含んでいないから,前の x-y-z から r-θ-ϕ への変換は,それほどやっかいではない.(b.1)〜(b.3) をそれぞれ 2 乗して加えればよい.したがって,(1.7) を利用して,変数変換を比較的簡単に行うこともできるが,この点はあとで触れる.ここでは Lagrange に従い,

$$L = T - V \tag{1.9}$$

---

* "保存される" とは,"時間的に変わらない" という意味である.

を定義しよう．これを **Lagrangian（ラグランジアン）**とよぶ．これは E と違って保存しない(それは自ら確かめよ)．$\dot{x}$ を独立変数のように考えると，われわれは，

$$\frac{\partial L}{\partial x} = -\nabla V(x) \tag{1.10}$$

と，

$$\frac{\partial L}{\partial \dot{x}} = m\dot{x} \tag{1.11}$$

を得るから，

$$\frac{d}{dt}\left(\frac{\partial L}{\partial \dot{x}}\right) - \frac{\partial L}{\partial x} = m\ddot{x} + \nabla V(x) \tag{1.12}$$

が成り立つ*．Newton の運動方程式 (1.3) は，(1.12) を 0 とおくことによって得られる．すなわちもし (1.9) が与えられていれば，

$$\frac{d}{dt}\left(\frac{\partial L}{\partial \dot{x}}\right) - \frac{\partial L}{\partial x} = 0 \tag{1.13}$$

は，Newton の運動方程式 (1.3) と全く同じことである．(1.13) を **Lagrange** または，**Euler-Lagrange（オイラー－ラグランジュ）の方程式**とよび，ここでは，Newton の方程式と全く同一である**．

注　意

(1.10), (1.11) はみかけによらずその意味するところはなかなかむずかしい．たとえば (1.10) を得る場合，L の中には x と $\dot{x}$ が含まれており，後者は前者の時間微分であるにもかかわらず $\dot{x}$ のほうは固定しておき，x のほうを全く勝手に a だけ変化させて，

$$\frac{\partial L}{\partial x} \equiv \lim_{a \to 0} \frac{L(x+a, \dot{x}) - L(x, \dot{x})}{a} \tag{1.14}$$

---

　* これに対応する式を E で書くと，$\dfrac{d}{dt}\left(\dfrac{\partial E}{\partial \dot{x}}\right) + \dfrac{\partial E}{\partial x}$ となる．

　** ここでは，Newton の方程式と Lagrange のそれとは全く同一だが，あとで述べるように，Lagrange の形式は，粒子系のみならず，電磁系にも成立する一般的なものである．このことは付録 C で論ずる．

を計算する．そのとき，x や $x+a$ は運動方程式を満たすようなものを考えるのではなく，全く勝手な時間の関数 x を考えて，それをまた全く勝手に a だけ変化させるのである．(1.11) のほうも同様で，今度は x を固定しておき，$\dot{x}$ のほうを全く勝手に変化させる．そうすると (1.12) の関係が得られ，それを 0 とおくと，つまり (1.13) を要求すると，それを満たす x が Newton の方程式の解であるということである．Newton の運動方程式でも，考えてみればこのようなむずかしいことが含まれていたのである．すなわち，質点の位置を x として全く勝手な時間の関数を考え，そのうちで (1.3) を満たすものだけが，現実の粒子の位置を与える．あまりうるさいことをいうとかえって混乱するから，ここではあまり考えこまないで，形式的に L を x や $\dot{x}$ で微分すると考えておいたほうがよいかもしれない．

このへんのやり方は，x のある関数 $f(x)$ の極小値や極大値を求める考え方とよく似ている．x は独立変数で勝手に変わりうるものだが，図 1.2 のような場合，$f(x)$ の極小値を与えるものは，

$$\frac{df(x)}{dx}=0 \qquad (1.15)$$

を満たす x，すなわち x_0 に限られる．2 章で説明するように，事実 Euler-Lagrange の方程式 (1.13) を，ある量 (2 章で定義する作用積分) を極値にするように定式化することができる．

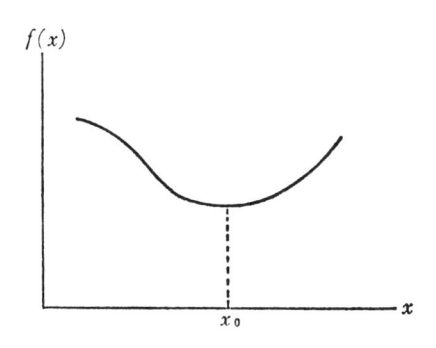

図 1.2

1.3 Euler-Lagrange の方程式

運動方程式を Euler-Lagrange の形(1.13)のように書いておくと，非常に便利なことがある．それは，質点を記述するのに，前述したように r-θ-ϕ のような座標を用いることもできるが，そのような変数を用いても(1.13)式の形は全然変わらず，各変数について，

$$\frac{d}{dt}\left(\frac{\partial L}{\partial \dot{r}}\right) - \frac{\partial L}{\partial r} = 0 \tag{1.16 a}$$

$$\frac{d}{dt}\left(\frac{\partial L}{\partial \dot{\theta}}\right) - \frac{\partial L}{\partial \theta} = 0 \tag{1.16 b}$$

$$\frac{d}{dt}\left(\frac{\partial L}{\partial \dot{\phi}}\right) - \frac{\partial L}{\partial \phi} = 0 \tag{1.16 c}$$

である．このことを実際計算によって確かめてみよう．Newton 方程式を変形していく場合に比べ，はるかに簡単であることを読みとっていただきたい．その理由は前述したように，L の中には時間の 1 階微分と，微分のかからない V がなまで入っているにすぎないからである．

まず x-y-z 座標で与えられている(1.9)の L を r-θ-ϕ で表すには，(a.1)～(a.3) を用いる．すると，

$$L = \frac{1}{2}m(\dot{r}^2 + r^2\dot{\theta}^2 + r^2\dot{\phi}^2\sin^2\theta) - V(r, \theta, \phi) \tag{1.17}$$

が得られる．したがって(1.16)の 3 式はそれぞれ，

$$\frac{d}{dt}\left(\frac{\partial L}{\partial \dot{r}}\right) - \frac{\partial L}{\partial r} = m\ddot{r} - mr\dot{\theta}^2 - mr\dot{\phi}^2\sin^2\theta + \frac{\partial V}{\partial r} = 0 \tag{1.18 a}$$

$$\frac{d}{dt}\left(\frac{\partial L}{\partial \dot{\theta}}\right) - \frac{\partial L}{\partial \theta} = \frac{d}{dt}(mr^2\dot{\theta}) - mr^2\dot{\phi}^2\sin\theta\cos\theta + \frac{\partial V}{\partial \theta} = 0 \tag{1.18 b}$$

$$\frac{d}{dt}\left(\frac{\partial L}{\partial \dot{\phi}}\right) - \frac{\partial L}{\partial \phi} = \frac{d}{dt}(mr^2\dot{\phi}\sin^2\theta) + \frac{\partial V}{\partial \phi} = 0 \tag{1.18 c}$$

である．これらを見ればすぐわかるように，前に書いた方程式 (1.5) の 3 式

に完全に一致している．ここでは，計算が繁雑なところは (a.1)〜(a.3) を (1.9) に代入するところだけである．たったこれだけの手間で，p.16 の不必要な計算でやった長たらしい計算の結果が得られたことになる．これが解析力学の1つの特徴である．

一般化座標

今まで，1粒子系を x-y-z 座標で書いておいてそれを r-θ-ϕ 座標に直す手間が，Euler-Lagrange 形式を導入することによって，非常に簡略化された例を示した．この考え方をさらに一般の力学系，さらに一般の座標系に拡張するには，ここで一般化座標という概念を導入しておいたほうが便利である．

1粒子を記述するには，x-y-z と3つの座標を指定しなければならない．2粒子系では，各粒子の x-y-z（または r-θ-ϕ）を指定しなければならないから，合計6つの変数が必要である．一般に N 個の粒子を含む系では，$3N$ 個の変数が必要である．系を記述するために必要な変数の数を**自由度**（degrees of freedom）という．N 個の粒子系は自由度 $3N$ である．定義により自由度 f の系を記述するには，f 個の変数が必要である．それらを x-y-z とか r-θ-ϕ 座標にかぎらず，一般に $q_1, q_2, \cdots, q_f$ という f 個の文字で表し，それらを**一般化座標**（generalized coordinates）という*．

ちょっと注意しておくが，自由度 f は必ずしも3の整数倍というわけではない．たとえば，2粒子を考えてみよう．2粒子の間になんの束縛条件もなかったら，その系の自由度 f は6である．ところが，もしこれらの2粒子が，伸縮しない剛体の棒で結びつけられていると，数学的にいうと2粒子の間の距離が変わらないという束縛条件があると，自由度は5に減ってしまう．このような2粒子系は，5個の変数があれば記述できることになる．束縛条件がいくつかある場合には，自由度は独立な束縛条件の数だけ減る．

さて1粒子の場合，Lagrangian を (1.9) で与えたが，一般の力学系ではどうしたらよいだろうか．この問題はあとまわしにして，ここでは一応次のよ

＊ 特別な場合として，x-y-z や r-θ-ϕ も一般化座標である．一般化座標は，力学系を記述することが可能な変数なら一応なんでもよい．

うな立場をとっておこう．すなわち，一般に自由度 f 個の力学系は，一般化座標 $q_1, q_2, \cdots q_f$ とそれらの1階の時間微分の関数として与えられる Lagrangian

$$L = L(q_1, q_2, \cdots, q_f, \dot{q}_1, \dot{q}_2, \cdots, \dot{q}_f) \tag{1.19}$$

で特徴づけられ，この系を記述する運動方程式は f 個の Euler-Lagrange の方程式

$$\frac{d}{dt}\left(\frac{\partial L}{\partial \dot{q}_1}\right) - \frac{\partial L}{\partial q_1} = 0 \tag{1.20 a}$$

$$\vdots$$

$$\frac{d}{dt}\left(\frac{\partial L}{\partial \dot{q}_f}\right) - \frac{\partial L}{\partial q_f} = 0 \tag{1.20 b}$$

である*．

　この下線で示したところは，よくよく考えてみるとおかしい．一般化座標として，x-y-z とか r-θ-ϕ とか，あるいはさらに一般の変数をとっているかもしれないのに，運動方程式を常に (1.20) の形に書くことができるというのである（1粒子の場合には x-y-z で書いても，r-θ-ϕ で書いても，同様に (1.20) の形で書けることは確かめたが）．

座標変換

　そこでわれわれは，次のことを調べておかなければならない．ある1組の一般化座標 $q_1, q_2, \cdots, q_f$ を使って力学系を記述する場合，運動方程式 (1.20) が成り立つとしよう．次に，別の1組の一般化座標 $Q_1, Q_2, \cdots, Q_f$ で (1.19) を書き換え，Lagrangian L を $Q_1, Q_2, \cdots, Q_f, \dot{Q}_1, \dot{Q}_2, \cdots, \dot{Q}_f$ の関数とみたとき，運動方程式は，

$$\frac{d}{dt}\left(\frac{\partial L}{\partial \dot{Q}_1}\right) - \frac{\partial L}{\partial Q_1} = 0 \tag{1.21 a}$$

$$\vdots$$

---

* 方程式 (1.20) の計算をするときは，前に注意したように，注目している変数だけを変化させ，それ以外の変数は固定して考える．

1.3 Euler-Lagrange の方程式

$$\frac{d}{dt}\left(\frac{\partial L}{\partial \dot{Q}_f}\right)-\frac{\partial L}{\partial Q_f}=0 \tag{1.21 b}$$

となるであろうか．このとき (1.4) に対応して，古い変数 $q_1,\cdots,q_f$ が新しい変数 $Q_1,\cdots,Q_f$ で表されているとする．その関係を，

$$q_1=q_1(Q_1,\cdots,Q_f) \tag{1.22 a}$$

$$q_2=q_2(Q_1,\cdots,Q_f) \tag{1.22 b}$$

$$\vdots$$

$$q_f=q_f(Q_1,\cdots,Q_f) \tag{1.22 c}$$

としよう*．結果をいうと，(1.20) が成り立つならば (1.21) も成立する．その証明をするには，(1.22) の関係を用いて (1.20) を $Q_1,\cdots,Q_f$ と $\dot{Q}_1,\cdots,\dot{Q}_f$ のものに書き直してみればよい．それは次のように行う．

まず，(1.22) により q_i (i は $1,2,\cdots,f$ のどれか) は $Q_1,\cdots,Q_f$ の関数だから，q_i を時間微分すると，

$$\dot{q}_i=\frac{\partial q_i}{\partial Q_1}\dot{Q}_1+\frac{\partial q_i}{\partial Q_2}\dot{Q}_2+\cdots+\frac{\partial q_i}{\partial Q_f}\dot{Q}_f$$

$$=\sum_{k=1}^{f}\frac{\partial q_i}{\partial Q_k}\dot{Q}_k=\sum_{j=1}^{f}\frac{\partial q_i}{\partial Q_j}\dot{Q}_j \tag{1.23}$$

である**．したがって，Lagrangian (1.19) は，(1.22) と (1.23) を通じて $Q_1,\cdots,Q_f,\dot{Q}_1,\cdots,\dot{Q}_f$ の関数である．(1.23) によると，

$$\frac{\partial \dot{q}_i}{\partial \dot{Q}_k}=\frac{\partial q_i}{\partial Q_k} \tag{1.24}$$

が成り立つ．さらにこの式の右辺は，再び (1.22) により $Q_1,\cdots,Q_f$ のみの関数であるから，(1.24) を時間微分すると，

$$\frac{d}{dt}\left(\frac{\partial \dot{q}_i}{\partial \dot{Q}_k}\right)=\sum_j\frac{\partial^2 q_i}{\partial Q_j \partial Q_k}\dot{Q}_j \tag{1.25}$$

となる．一方 (1.23) の右辺の $\partial q_i/\partial Q_j$ は $Q_1,\cdots,Q_f$ のみの関数であり，例に

---

* (1.22) の関係を簡単に，$q_i=q_i(Q_1,\cdots,Q_f)\ i=1,2,\cdots,f$ と書く．
** 以下，和を示す $\sum$ 記号の上限と下限を書くことを省略するが，いつでも1から f までの和である．

よって $\dot{Q}_1, \cdots, \dot{Q}_f$ は独立のように取り扱うと，(1.23) から，

$$\frac{\partial \dot{q}_i}{\partial Q_k} = \sum_j \frac{\partial^2 q_i}{\partial Q_k \partial Q_j} \dot{Q}_j \tag{1.26}$$

これを (1.25) と比べると，

$$\frac{d}{dt}\left(\frac{\partial q_i}{\partial Q_k}\right) = \frac{d}{dt}\left(\frac{\partial \dot{q}_i}{\partial \dot{Q}_k}\right) = \frac{\partial \dot{q}_i}{\partial Q_k} \tag{1.27}$$

を得る．これは，(1.22) の関係だけから導かれるもので，(1.20) と (1.21) 式が両立するという証明の基礎になる．

いよいよ，(1.20) が成り立てば (1.21) も成り立つという証明に入る．一貫して，L は (1.22) と (1.23) によって $Q_1, \cdots, Q_f, \dot{Q}_1, \cdots, \dot{Q}_f$ の関数だが，Q と $\dot{Q}$ は常に，q と $\dot{q}$ を通じて L に入っているということが重要である．まず Q_k で L を微分すると，Q は q と $\dot{q}$ とを通じて L に入っているから，

$$\frac{\partial L}{\partial Q_k} = \sum_i \left(\frac{\partial L}{\partial q_i}\frac{\partial q_i}{\partial Q_k} + \frac{\partial L}{\partial \dot{q}_i}\frac{\partial \dot{q}_i}{\partial Q_k}\right) \tag{1.28}$$

である．次に L を $\dot{Q}_k$ で微分する．この場合，$\dot{Q}$ は $\dot{q}$ を通じてのみ L に入っているから，

$$\frac{\partial L}{\partial \dot{Q}_k} = \sum_i \frac{\partial L}{\partial \dot{q}_i}\frac{\partial \dot{q}_i}{\partial \dot{Q}_k} = \sum_i \frac{\partial L}{\partial \dot{q}_i}\frac{\partial q_i}{\partial Q_k} \tag{1.29}$$

となる．ただし，最後の段階で (1.24) を用いた．これを時間微分すると，(1.27) 式により，

$$\frac{d}{dt}\left(\frac{\partial L}{\partial \dot{Q}_k}\right) = \sum_i \left\{ \frac{d}{dt}\left(\frac{\partial L}{\partial \dot{q}_i}\right)\frac{\partial q_i}{\partial Q_k} + \frac{\partial L}{\partial \dot{q}_i}\frac{d}{dt}\left(\frac{\partial q_i}{\partial Q_k}\right) \right\}$$

$$= \sum_i \left\{ \frac{d}{dt}\left(\frac{\partial L}{\partial \dot{q}_i}\right)\frac{\partial q_i}{\partial Q_k} + \frac{\partial L}{\partial \dot{q}_i}\frac{\partial \dot{q}_i}{\partial Q_k} \right\} \tag{1.30}$$

が得られるから，これと (1.28) の差をとると，

$$\frac{d}{dt}\left(\frac{\partial L}{\partial \dot{Q}_k}\right) - \frac{\partial L}{\partial Q_k} = \sum_i \left\{ \frac{d}{dt}\left(\frac{\partial L}{\partial \dot{q}_i}\right) - \frac{\partial L}{\partial q_i} \right\}\frac{\partial q_i}{\partial Q_k} \tag{1.31}$$

となる．したがって (1.20) が成り立てば，この式の右辺は 0，つまり (1.21) も成り立つことになる．

このように，Euler-Lagrange の方程式（1.20）は一般化座標の取り方によらず成立する．これで，p. 24 の下線部分を，安心して受け入れてよいということになる．

注　意

ここで，変数 q から Q へ移っても Euler-Lagrange の方程式は形を変えずにそのまま成立することを証明したが，その場合，変数 q の数と Q の数とは両方とも自由度に等しく f とした．実は，このことは必要なことではなく，f 個の q を，g 個（$g>f$）の Q で表したとしても，全く同じことが証明できる．自由度より多くの変数をとっても，それらについて Euler-Lagrange の方程式が成り立つ．ただしこの場合でも，独立な Euler-Lagrange の方程式の数は f 個で，あとの方程式は独立ではない．この点，演習問題1の1．および2章の例2（p. 41）を参照されたい．

1.4　Hamilton の方程式

Lagrangian を導入して Newton の方程式を（1.20）の形に書いておくと，それは，（1.22）の変数変換に対してもその形は変わらない．この事実は，前の x-y-z から r-θ-ϕ への変換で見たように，計算をたいへん簡単にする．しかし，（1.22）の変換はある限られたタイプのものである．すなわち（1.22）の右辺には，Q の時間微分が含まれていないようなものである．これだけでもかなり有効だが，こうした関係を破って（1.22）の右辺に $\dot{Q}$ が含まれるようなものを考えると，直ちに困ったことが起こる．というのは，そのような関係の時間微分をとり，Lagrangian の中に $\dot{q}$ に代入すると L が $\ddot{Q}$ に関係してくることになり，明らかに運動方程式は（1.21）ではいけなくなる．したがって，Euler-Lagrange の形式はそのような変数変換に対して有効でなくなる．

ところが Hamilton によれば，（1.22）よりさらに広いタイプの変数変換に対しても形を変えないように，Newton 方程式を書き換えることができる．量子力学で有効なのはむしろそのほうであるから，以下それについて説明する．

Newton の運動方程式（1.3）は，運動量

$$\boldsymbol{p} = m\dot{\boldsymbol{x}} \tag{1.32}$$

を用いると，時間微分に関して 1 階しか含まない式

$$\dot{\boldsymbol{p}} = -\boldsymbol{\nabla} V(\boldsymbol{x}) \tag{1.33}$$

となる．今度は，(1.32) と (1.33) の 2 つで Newton の方程式(1.3)に同等である．そしてこれら両方程式とも，時間に関して 1 階微分しか含んでいない．Newton 方程式と同等な式だが，(1.32) と (1.33) を次のように解釈してみる．(1.32) と (1.33) を，未知量 $\boldsymbol{x}$ と $\boldsymbol{p}$ に関する連立方程式とみるのである．これは変数の数を 2 倍にしたかわりに，時間微分が 1 階に減ったとみてもよい．この立場では $\boldsymbol{x}$ と $\boldsymbol{p}$ とは一応独立で，方程式がそれらの関係を指定すると考える．今度は，前に定義した全エネルギーが活躍する．それを (1.32) を用いて $\boldsymbol{p}$ で書くと，

$$E = T + V = \frac{1}{2m}\boldsymbol{p}^2 + V \tag{1.34}$$

$\boldsymbol{x}$ と $\boldsymbol{p}$ で表した全エネルギーを特に，**Hamiltonian** とよび H と書くのが普通である*．すなわち，

$$H = \frac{1}{2m}\boldsymbol{p}^2 + V \tag{1.35}$$

である．Lagrangian のときと同様，こう書いてしまったら，$\boldsymbol{x}$ や $\boldsymbol{p}$ として運動方程式を満たすようなものを考えるのではなく，全く独立な変数と考える．すると，

$$\frac{\partial H}{\partial \boldsymbol{p}} = \frac{1}{m}\boldsymbol{p} \tag{1.36 a}$$

$$\frac{\partial H}{\partial \boldsymbol{x}} = \boldsymbol{\nabla} V(\boldsymbol{x}) \tag{1.36 b}$$

を得る．したがって，

$$\frac{\partial H}{\partial \boldsymbol{p}} = \dot{\boldsymbol{x}} \tag{1.37 a}$$

---

* Hamiltonian のさらに一般的な定義は，あとで与える．

$$\frac{\partial H}{\partial \boldsymbol{x}} = -\dot{\boldsymbol{p}} \tag{1.37 b}$$

とおくと，運動方程式 (1.32), (1.33) が得られることになる．つまり (1.35) が与えられたとき，(1.37) の 2 式を要求すると，Newton の方程式と同等になる．(1.37) の 2 式を **Hamilton の方程式** という．

　Hamilton の方程式も，さらに一般の一般化座標で書かなければならないが，それは，あとでまとめて論じることにし，ここでは，1 粒子の場合をもう少し詳しく考えてみよう．1 粒子の Lagrangian では，独立変数は $\boldsymbol{x}$ で，Lagrange の方程式は，時間に関する 2 階の微分を含んでいた．一方 Hamilton の立場では，Hamiltonian は 2 つの独立変数 $\boldsymbol{x}$ と $\boldsymbol{p}$ を含んでおり，それらの時間微分は含まれていない．したがって Hamilton の運動方程式は，時間に関して 1 階の微分しか含んでいない．変数の数を 2 倍にして，時間微分の数を 1 階だけ落としたというわけである．このままではあまり御利益はなさそうだが，Hamilton 形式のほうが，Lagrange 形式に比べて広いタイプの変数変換に対してその形を変えない．ということは，その広さを利用すれば力学の問題を解く可能性が増えるわけである．量子力学の定式化に，Hamilton の形式が重要であるということが一般に認識される以前には，天文学者が広い変数変換の可能性を利用して，盛んに遊星の運動を論じていたようである．

　一般論を展開するに先だって，次のような例をあげておこう．

例

　Hamilton の方程式が，x-y-z から r-θ-ϕ 座標への変換よりも，もっと一般の変換に対して形を変えないということを示す簡単な例として，$\boldsymbol{x}$ と $\boldsymbol{p}$ の混ざった変換

$$\boldsymbol{X} = \alpha \boldsymbol{x} + \beta \boldsymbol{p} \tag{1.38 a}$$

$$\boldsymbol{P} = -\beta \boldsymbol{x} + \alpha \boldsymbol{p} \tag{1.38 b}$$

を考えてみよう．ただし，α と β とは，

$$\alpha^2 + \beta^2 = 1 \tag{1.39}$$

を満たすようなものならなんでもよい*．すなわち，われわれが調べたいこと

---
* これは $\boldsymbol{x}$ と $\boldsymbol{p}$ とではられる 6 次元空間の中の回転とみてもよい．

は，x と p について Hamilton の方程式 (1.37) が成り立つとき，X と P についても同じ形式の方程式が成り立つかということである．

まず (1.38) を逆変換すると，(1.39) によって，

$$x = \alpha X - \beta P \tag{1.40 a}$$

$$p = \alpha P + \beta X \tag{1.40 b}$$

であるから，x, p などの成分をそれぞれ $x_1, x_2, x_3, p_1, p_2, p_3$ などと書くと，

$$\frac{\partial x_i}{\partial P_j} = -\beta \delta_{ij}, \qquad \frac{\partial x_i}{\partial X_j} = \alpha \delta_{ij} \tag{1.41 a}$$

$$\frac{\partial p_i}{\partial P_j} = \alpha \delta_{ij}, \qquad \frac{\partial p_i}{\partial X_j} = \beta \delta_{ij} \tag{1.41 b}$$

ただしここで，δ_{ij} はよく知られた Kronecker（クロネッカー）の δ で，

$$\delta_{ij} = \begin{cases} 1 & \text{もし } i=j \text{ なら} \\ 0 & \text{もし } i \neq j \text{ なら} \end{cases} \tag{1.42}$$

である．そこで，(1.40) を H に代入して X と P で表すと，前の Lagrangian のときと同じ考え方を用いて，

$$\frac{\partial H}{\partial P_i} = \sum_{j=1}^{3} \left(\frac{\partial H}{\partial x_j} \frac{\partial x_j}{\partial P_i} + \frac{\partial H}{\partial p_j} \frac{\partial p_j}{\partial P_i} \right)$$

$$= -\beta \frac{\partial H}{\partial x_i} + \alpha \frac{\partial H}{\partial p_i} \tag{1.43 a}$$

$$\frac{\partial H}{\partial X_i} = \sum_{j=1}^{3} \left(\frac{\partial H}{\partial x_j} \frac{\partial x_j}{\partial X_i} + \frac{\partial H}{\partial p_j} \frac{\partial p_j}{\partial X_i} \right)$$

$$= \alpha \frac{\partial H}{\partial x_i} + \beta \frac{\partial H}{\partial p_i} \tag{1.43 b}$$

が得られる．一方 (1.38) の両辺を時間微分すると，

$$\dot{X}_i = \alpha \dot{x}_i + \beta \dot{p}_i \tag{1.44 a}$$

$$\dot{P}_i = \alpha \dot{p}_i - \beta \dot{x}_i \tag{1.44 b}$$

したがって，

$$\dot{X}_i - \frac{\partial H}{\partial P_i} = \alpha \left(\dot{x}_i - \frac{\partial H}{\partial p_i} \right) + \beta \left(\dot{p}_i + \frac{\partial H}{\partial x_i} \right) \tag{1.45 a}$$

$$\dot{P}_i + \frac{\partial H}{\partial X_i} = \alpha\left(\dot{p}_i + \frac{\partial H}{\partial x_i}\right) - \beta\left(\dot{x}_i - \frac{\partial H}{\partial p_i}\right) \tag{1.45 b}$$

であるから，右辺が0なら，X と P に対しても Hamilton の方程式が成り立つ．

ここで考えた変換 (1.38) はきわめて簡単なものだが，それでも前に考えた (1.22) 式の形にあてはまらないようなもので，x と p がからまっている．では Hamilton の方程式は一般に，どのような種類の変換に対してその形を変えないであろうか．それを論じるのが，4章で展開する正準変換論である．それを行う前に，Hamilton の運動方程式をもっと形式的に整備しておかなければならない．

注 意

Hamilton の立場では，1粒子の場合，粒子の座標 x とその運動量 p とを独立として扱う．運動量 p と速度 $\dot{x}$ の関係は，運動方程式 (1.37 a) として与えられる．しかし Newton の運動方程式をみないと運動量とは何かわからないから，Hamiltonian H の中に出てくる p とはけっきょく何かよくわからないのではないか．事実 (1.35) の H を作ったとき，E から $p=m\dot{x}$ を用いて $\dot{x}$ を消去し，H を p の関数として表したではないか．それから (1.37 a) を要求して，$p=m\dot{x}$ を導いても，それは堂々めぐりをしているにすぎないようにみえる．1粒子のときはそれでも，運動量は $p=m\dot{x}$ であることがわかっているからまだよい．しかしたとえば，1粒子を r-θ-ϕ 座標で表したらいったい，r-θ-ϕ に対する運動量はどのように定義すればよいのか．それぞれ $m\dot{r}$, $m\dot{\theta}$, $m\dot{\phi}$ と定義すればよいのだろうか．一般化座標 $q_1, q_2, \cdots, q_f$ を用いたとき，それに対応する一般化運動量といったものをどのように定義すればよいのだろうか．このようなことは3章で詳しく論じるが，Hamiltonian H は，一般に，一般化座標 $q_1, q_2, \cdots, q_f$ とそれに対応する一般化運動量 $p_1, p_2, \cdots, p_f$ の関数として与えられる．すなわち，

$$H = H(q_1, \cdots, q_f \,;\, p_1, \cdots, p_f) \tag{1.46}$$

で Hamilton の方程式は，

$$\frac{\partial H}{\partial p_i} = \dot{q}_i \tag{1.47 a}$$

$$\frac{\partial H}{\partial q_i} = -\dot{p}_i \qquad i=1, 2, \cdots, f \tag{1.47 b}$$

となる．この形は，p_i や q_i を混ぜるようなかなり一般的な変数変換に対しても不変である．逆に，(1.47) の形を変えないような，p_i や q_i を混ぜ合わせるような変換を探していくのが正準変換論である．これは4章で論じるが，その前に，演習問題6を自らやってみて，だいたいの見当をつけておくと，その後の議論を理解するうえで大いに助けになると思う．ただしここでは H は p_i や q_i の任意の与えられた関数としておいてよい．

演習問題 1

1. f 個の変数 $q_1, q_2, \cdots, q_f$ について Euler-Lagrange の方程式

$$\frac{d}{dt}\left(\frac{\partial L}{\partial \dot{q}_i}\right) - \frac{\partial L}{\partial q_i} = 0 \qquad i=1, 2, \cdots, f$$

が成り立つとき，g 個 ($g>f$) の新しい変数 $Q_1, Q_2, \cdots, Q_g$ に対しても，

$$\frac{d}{dt}\left(\frac{\partial L}{\partial \dot{Q}_l}\right) - \frac{\partial L}{\partial Q_l} = 0 \qquad l=1, 2, \cdots, g$$

が成り立つことを証明せよ．ただし，

$$q_i = q_i(Q_1, Q_2, \cdots, Q_g) \qquad i=1, 2, \cdots, f$$

が与えられているとする．

2. 互いにポテンシャル $V(\boldsymbol{x}_1 - \boldsymbol{x}_2)$ で相互作用しているときの2粒子の Newton の運動方程式が，Lagrangian

$$L = \frac{1}{2} m_1 \dot{\boldsymbol{x}}_1^2 + \frac{1}{2} m_2 \dot{\boldsymbol{x}}_2^2 - V(\boldsymbol{x}_1 - \boldsymbol{x}_2)$$

から，Euler-Lagrange の方程式として導かれることを確かめよ．ただし，m_1, m_2 はそれぞれ2粒子の質量，$\boldsymbol{x}_1$ および $\boldsymbol{x}_2$ はそれぞれの粒子の位置ベクトルである．

3. 前問の場合，Hamiltonian
$$H = \frac{1}{2m_1} \boldsymbol{p}_1^2 + \frac{1}{2m_2} \boldsymbol{p}_2^2 + V(\boldsymbol{x}_1 - \boldsymbol{x}_2)$$
から，Hamilton の方程式として Newton の運動方程式を導け．

4. 問 2 の Lagrangian を，2 粒子の重心座標
$$\boldsymbol{X} = \frac{m_1 \boldsymbol{x}_1 + m_2 \boldsymbol{x}_2}{m_1 + m_2}$$
と相対座標
$$\boldsymbol{x} = \boldsymbol{x}_1 - \boldsymbol{x}_2$$
で表してから，それらの変数について Euler-Lagrange の方程式を書き下せ．

5. 1 粒子の Lagrangian
$$L = \frac{1}{2} m \dot{\boldsymbol{x}}^2 - V(\boldsymbol{x})$$
を，球面座標 r-θ-ϕ を用いて表せ．

6. Hamilton の方程式
$$\frac{\partial H}{\partial p_i} = \dot{q}_i, \qquad \frac{\partial H}{\partial q_i} = -\dot{p}_i$$
が，変数変換
$$Q_i = Q_i(q_1, \cdots, q_f, p_1, \cdots, p_f)$$
$$P_i = P_i(q_1, \cdots, q_f, p_1, \cdots, p_f)$$
に対して，その形を変えないための条件は何か．ただし，この変換の逆の存在は仮定する．

7. Lagrangian に，$dW(q_1, \cdots, q_f)/dt$ なる項を加えても，それは Euler-Lagrange の方程式には寄与しないことを証明せよ．

2章　Hamiltonの原理（変分原理）

2.1　はじめに

　1章では，Newton方程式から出発して，それをEuler-Lagrangeの方程式という形式に直すと，変数変換によって形が変わらないようになることを示した．したがって変数変換をLagrangianの段階で行っていれば，新しい変数に対する運動方程式が簡単に得られる．Hamilton形式は，Lagrange形式では許されなかった種類の変数変換に対しても形を変えない．ただし，1章では，あまり概念的にむずかしい点や，例はあげなかった．この章では，Lagrange形式における基本方程式Euler-Lagrangeの方程式が，作用積分という量に極値をもたせるという条件から導かれることを示そう．なぜこのようなことを行うかというと，第1に，作用積分の極値としてEuler-Lagrangeの方程式を導くと，それが変数変換に対して不変であることが明らかとなる．通常の微分積分学でも，ある関数 $f(x, y)$ の極小値を求める場合，座標 x-y を用いても，これと別の座標 x'-y' を用いても，同じものが得られることはご存じだろう．Euler-Lagrangeの方程式の場合も，通常の微積分より複雑だが考え方は同じである．第2の理由は，作用積分の極値としてEuler-Lagrangeの方程式を導いておくと，あとでHamiltonianを不変にする変数変換を探す際便利である．第3の理由はここでは議論しないが，電磁場の基本法則なども，全く同じ形式

で論じることができるから，力学系のみならず電磁系などを扱うにも便利である．たとえば，幾何光学なども光は2点の間の最短距離を通る．すなわち何かを極小にするように定式化できることは周知であろう．

2.2 作用積分

自由度 f の力学系を考えよう．その系を特徴づける Lagrangian を L とする．これは通常，一般化座標 $q_1, \cdots, q_2, q_f$ と，それらの時間微分の関数である．与えられた力学系に対して，どのようにして Lagrangian を作るかということはいま議論しないことにしよう．誰かが L を，

$$L = L(q_1, q_2, \cdots, q_f, \dot{q}_1, \cdots, \dot{q}_f) \tag{2.1}$$

の形で与えてくれたとき*，**作用積分**（action integral）を，

$$I \equiv \int_{t_1}^{t_2} dt\, L \tag{2.2}$$

で定義する．ここで，t_1 と t_2 は，ある与えられた2つの時刻である．作用積分は，その中の変数 $q_1, \cdots, q_f$ の与え方によっていろいろな値をとるであろう．ところが，偶然 $q_1, \cdots, q_f$ が Euler-Lagrange の方程式を満たすようなものであるとき，作用積分は極値をとる．

2.3 Euler-Lagrange の方程式の導出

上述のことを証明する前に，通常の微積分学における極値問題を復習してみよう．x と y のある関数 $f(x, y)$ の極値を求めるには，この関数の (x, y) における値と，それと無限小だけ離れた点 $(x+\xi, y+\eta)$ の値と比較する．すなわち，

$$f(x+\xi, y+\eta) - f(x, y) \tag{2.3}$$

を考えてみる．ξ と η とは無限小だから，(2.3) は2次の無限小を無視する

---

* 具体的な例はあとであげる．

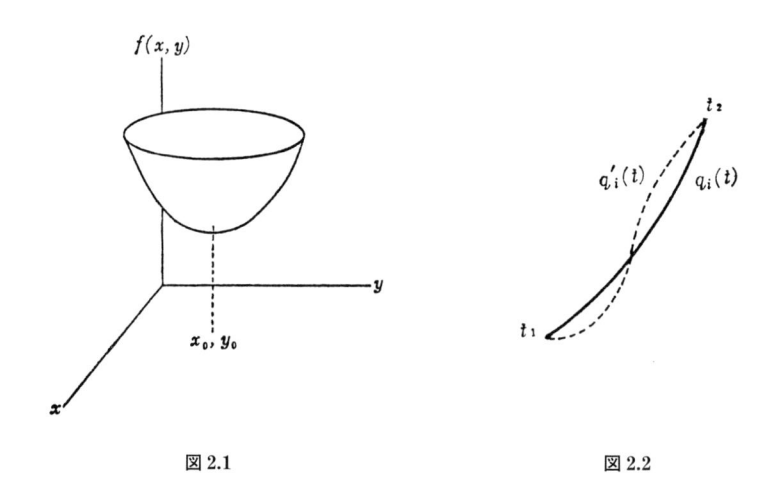

図 2.1   図 2.2

と,

$$f(x+\xi, y+\eta) - f(x, y) = \xi \frac{\partial f(x, y)}{\partial x} + \eta \frac{\partial f(x, y)}{\partial y} \tag{2.4}$$

となる.ところで,もし偶然に (x, y) が $f(x, y)$ の最小を与える点 (x_0, y_0) であるとしたら,(2.4) の右辺はその点で 0 ある.また逆に,0 でない ξ と η に対して,(2.4) の右辺が 0 になるという条件から,$f(x, y)$ が極値をとる点が求められる.

全く同じ考え方を作用積分にあてはめてみると,Euler-Lagrange の方程式に到達する.まずある $q_i(t)$ $(i=1, 2, \cdots, f)$ によって,作用積分 (2.2) を計算したとしよう.それを I とする.次に,時刻 t_1 と t_2 では q_i と同じだが,その他の時刻では $q_i(t)$ と無限小だけ異なった量 $q_i'(t)$ を用いて (2.2) を計算したときの値を I' としよう.いま,q_i' と q_i の無限小の差を $\eta_i(t)$ とする*
と,

$$q_i'(t) = q_i(t) + \eta_i(t) \tag{2.5}$$

したがって,

$$I' - I = \int_{t_1}^{t_2} dt L(q_1+\eta_1, \cdots, q_f+\eta_f, \dot{q}_1+\dot{\eta}_1, \cdots, \dot{q}_f+\dot{\eta}_f)$$

---
* η_i を q_i の変分といい,多くの本では δq_i と書いてある.

$$-\int_{t_1}^{t_2} dt\, L(q_1, \cdots q_f, \dot{q}_1, \cdots, \dot{q}_f) \tag{2.6a}$$

$$= \int_{t_1}^{t_2} dt \left(\frac{\partial L}{\partial q_1}\eta_1 + \cdots + \frac{\partial L}{\partial q_f}\eta_f + \frac{\partial L}{\partial \dot{q}_1}\dot{\eta}_1 + \cdots + \frac{\partial L}{\partial \dot{q}_f}\dot{\eta}_f \right)$$

$$= \int_{t_1}^{t_2} dt \sum_{i=1}^{f} \left(\frac{\partial L}{\partial q_i}\eta_i + \frac{\partial L}{\partial \dot{q}_i}\dot{\eta}_i \right) \tag{2.6b}$$

を得る．ただし (2.6a) から (2.6b) に移ったとき，2 次およびそれ以上の無限小は省略した．(2.6b) 右辺の第 2 項を部分積分すると，

$$I' - I = \int_{t_1}^{t_2} dt \sum_{i=1}^{f} \left\{ \frac{\partial L}{\partial q_i} - \frac{d}{dt}\left(\frac{\partial L}{\partial \dot{q}_i}\right) \right\} \eta_i(t) + \sum_{i=1}^{f} \frac{\partial L}{\partial \dot{q}_i}\eta_i(t) \Big|_{t_1}^{t_2} \tag{2.7}$$

が得られる．最後の項は 0 である．なぜなら，q_i' と q_i は t_1 と t_2 で同じ値をとる量，いいかえると，

$$\eta_i(t_1) = \eta_i(t_2) = 0 \tag{2.8}$$

だからである．したがって，$I' - I$ が，任意の無限小 $\eta_i(t)$ に対して 0 となるのは，Euler-Lagrange の式

$$\frac{\partial L}{\partial q_i} - \frac{d}{dt}\frac{\partial L}{\partial \dot{q}_i} = 0 \qquad i = 1, 2, \cdots, f \tag{2.9}$$

が成り立つときである．

したがって，はじめから Lagrangian の L を適当に選んでおいて，作用積分を極値にするという条件を課すことによって，Newton の方程式を得ることができる．1 章で説明したように，簡単な力学系では，Lagrangian L として，運動エネルギー T とポテンシャルエネルギー V の差をとっておけばよいが，さらに複雑な系では，与えられた運動方程式を得るように L を逆算しなければならない．これについては，7 章を参照されたい．

2.4 Hamilton の原理

上述したように，ある力学系に対して初期値，終期値を固定された任意の力学変数のうち，作用積分を極値にするようなものが実際に実現される運動であ

る．作用積分に極値をとらせるように運動を決めることを，**Hamilton の原理** (Hamilton's principle) という．または，**変分原理** (variational principle) とよぶこともある．Euler-Lagrange の方程式をこのように，作用積分の極値を与えるものとして導くことは，あとで正準変換論を展開する際にたいへん重要になる．

注 意

1) 1章で強調したように，Euler-Lagrange の方程式は力学変数 $q_i(t)$ の選び方によらない．これは変分原理を幾何学的に考えてみればわかるであろう．すなわち，極値というものはその量の幾何学的な形によるもので（図 2.1 を参照），変数の選び方によらないものである．

2) ここでは Lagrangian として，結果が運動方程式になるようなものを選ぶと考えたが，与えられた運動方程式を極値として与えるような量はいくらでもある．1次元の関数でも，与えられた点を極値とするような関数は，いくらでも考えられる．1つの Lagrangian L が与えられたとき，それに任意の $q_i(t)$ の関数 $W(q_1, \cdots, q_f)$ の時間微分を加えて，

$$L' \equiv L + \frac{dW}{dt} \tag{2.10}$$

を新しい Lagrangian としても，変分原理から得られる Euler-Lagrange の方程式は全く同じである．(2.10) 式の最後の項は，Euler-Lagrange 方程式には全く効かない（この点，自ら確かめよ）．この Lagrangian の選び方に関する不定性は，正準変換論でたいへん重要になる（なお例3および7章を参照）．

3) 力学変数 q_i が全部独立でなく，それらの間に束縛条件がある場合はここでは詳論しないが，このような場合 η_i が全く独立にとれないから，(2.7) 式から (2.9) 式が結論できない．束縛条件のある場合は，付録 A で説明する Lagrange の未定係数法を用いるとよい．

4) これで，Newton の運動方程式が何かある別の原理から導かれたような印象を与えられるかもしれないが，実はそのように L を選んだというまでで，Newton の方程式を導いたことにはならない．また Newton 方程式で，力 F が勝手に与えられたとき，いつでもそれに導くような L を作りうるかという

と，必ずしもそうはいかない．たとえば，2粒子系を考え，互いの作用と反作用とを同じにしなかったら，それを与えるような L を作ることはできない．また摩擦力があるような場合は，L を作ることは不可能ではないがあまり簡単ではない（演習問題2の5）．Lagrangian から，作用積分の極値として実現されるような運動は，この意味でかなり特殊なものである．

5) 運動方程式があらかじめ与えられている場合には，それを与えるようなできるだけ簡単な Lagrangian をとればよいが，運動方程式があらかじめ与えられていない場合には（新しく発見された素粒子の運動など），一般原理や物理系の対称性などから，Lagrangian をできるだけ制限してそれから運動方程式を導き，実験と比較してそのよしあしを決めるのが普通である．

6) 運動方程式を直接扱わないでそれを与える Lagrangian を作り，変分原理を仮定するというのが解析力学の立場だが，それをはじめて勉強する際，いったいなんのためにこのような抽象的なことをするのかという疑問に悩まされる．それで以下，Newton の立場より解析力学のほうがよいという効能書きを列記しておこう．

　ⅰ）解析力学では個々の粒子を別々に考えず，全系の一員として考える．力学系は，たった1つの関数 Lagrangian によって完全に特徴づけられる．

　ⅱ）このことはある近似を導入する場合，特に重要である．たった1つの関数 Lagrangian に近似を導入しておくと，各運動方程式の無矛盾性をそれぞれ気にする必要がなくなるからである．

　ⅲ）たびたび見てきたように，Lagrangian には変数の1階時間微分しか入っていないから，変数変換が通常容易に行われ，Euler-Lagrange の式は変数によらない．

　ⅳ）変数間に束縛条件がある場合，それを考慮するのが容易である（付録Aを参照）．

　ⅴ）物理系の対称性（空間推進とか時間推進とか，回転とかに対する性質）と，保存則（運動量，エネルギー，角運動量の保存など）の関係が明らかになる（例2および7章の議論を参照）．

　ⅵ）力学系のみならず，電磁系や素粒子系などを統一的に扱うことができ

る（付録 C を参照）．

　vii) 理論を Hamilton の形式に書くと，量子力学への移行が容易である．したがって vi) といっしょにすると，電磁系やその他の系を量子力学的に扱うことができる．

例 1 ── ポテンシャル中の 1 粒子

　いまある粒子が，z 方向だけに依存するポテンシャルの中を動いているとしよう．たとえば，地面に垂直方向を z-軸とすると，重力のポテンシャルは z だけに依存する．その場合，粒子の運動エネルギーは，

$$T = \frac{1}{2} m \left(\frac{d\boldsymbol{x}}{dt} \right)^2 \tag{2.11}$$

である．ここで，m は粒子の質量である．(1.9) によると Lagrangian は，

$$L = \frac{1}{2} m \left(\frac{d\boldsymbol{x}}{dt} \right)^2 - V(z) \tag{2.12}$$

である．Euler-Lagrange の方程式は，x-y-z 方向についてそれぞれ，

$$\frac{\partial L}{\partial x} - \frac{d}{dt}\left(\frac{\partial L}{\partial \dot{x}}\right) = -m\ddot{x} = 0 \tag{2.13 a}$$

$$\frac{\partial L}{\partial y} - \frac{d}{dt}\left(\frac{\partial L}{\partial \dot{y}}\right) = -m\ddot{y} = 0 \tag{2.13 b}$$

$$\frac{\partial L}{\partial z} - \frac{d}{dt}\left(\frac{\partial L}{\partial \dot{z}}\right) = -\frac{dV(z)}{dz} - m\ddot{z} = 0 \tag{2.13 c}$$

となる．この場合，x 方向と y 方向については力が全く働いていないので，方程式 (2.13 a) と (2.13 b) をみればわかるように，運動量の x 成分と y 成分

$$p_x = m\dot{x} \tag{2.14 a}$$

$$p_y = m\dot{y} \tag{2.14 b}$$

は保存している．Lagrangian (2.12) をみると，これは，$\dot{x}$ と $\dot{y}$ を含んではいるが，x と y とを含んではいない．このような場合には常に保存則が出てくる．それは Euler-Lagrange の方程式の形から明らかであろう．このように，Lagrangian が座標そのものを含まず，座標の時間微分のみを含むときそ

れを**循環座標** (cyclic coordinate または ignorable variable) という．循環座標が 1 つあると，1 つ保存量がある．

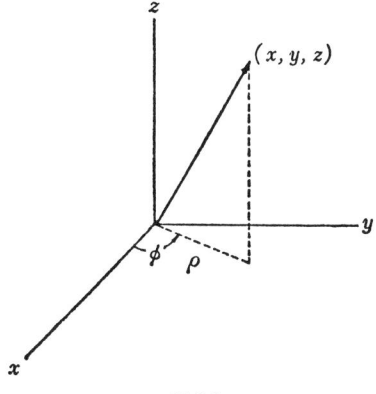

図 2.3

この系にはもう 1 つ保存量がある．それを見るには，図 2.3 のようないわゆる円筒座標を用いて，Lagrangian を書き直してみるとよい．すなわち，

$$\left.\begin{array}{l} x = \rho \cos\phi \\ y = \rho \sin\phi \\ z = z \end{array}\right\} \quad (2.15)$$

を用いて，L を ρ, ϕ, z で書いてみる．(2.15) のはじめの 2 式を時間で微分すると，

$$\left.\begin{array}{l} \dot{x} = \dot{\rho}\cos\phi - \rho\dot{\phi}\sin\phi \\ \dot{y} = \dot{\rho}\sin\phi + \rho\dot{\phi}\cos\phi \end{array}\right\} \quad (2.16)$$

したがって，

$$L = \frac{1}{2} m (\dot{\rho}^2 + \rho^2 \dot{\phi}^2 + \dot{z}^2) - V(z) \quad (2.17)$$

となる．これには $\dot{\phi}$ は含まれているが，ϕ は含まれていない．したがって ϕ は循環座標であり，保存量が存在する．それは，

$$\frac{\partial L}{\partial \phi} - \frac{d}{dt}\left(\frac{\partial L}{\partial \dot{\phi}}\right) = -m\frac{d}{dt}(\rho^2 \dot{\phi}) = 0 \quad (2.18)$$

によって，

$$l_z \equiv m\rho^2 \dot{\phi} \tag{2.19}$$

であることがわかる*．ついでに，ρ の方程式を導いておくと，

$$\frac{\partial L}{\partial \rho} - \frac{d}{dt}\left(\frac{\partial L}{\partial \dot{\rho}}\right) = m\rho\dot{\phi}^2 - m\ddot{\rho} = 0 \tag{2.20}$$

となる．z の方程式は，(2.13 c) 式である．

次に，もう1つの例として，ポテンシャルが座標の原点からの距離 r のみの関数である場合を考察しておこう．Lagrangian は (1.17) により，

$$L = \frac{1}{2} m(\dot{r}^2 + r^2 \dot{\theta}^2 + r^2 \dot{\phi}^2 \sin^2\theta) - V(r) \tag{2.21}$$

である．これを見てすぐわかることは，ϕ が循環座標であるということである．したがって保存則

$$\frac{\partial L}{\partial \phi} - \frac{d}{dt}\left(\frac{\partial L}{\partial \dot{\phi}}\right) = -m\frac{d}{dt}(r^2 \dot{\phi} \sin^2\theta) = 0 \tag{2.22 a}$$

が直ちに得られる．θ については，(1.18 b) により，

$$\frac{\partial L}{\partial \theta} - \frac{d}{dt}\left(\frac{\partial L}{\partial \dot{\theta}}\right) = mr^2 \dot{\phi}^2 \sin\theta \cos\theta - m\frac{d}{dt}(r^2 \dot{\theta}) = 0 \tag{2.22 b}$$

また，r については，(1.18 a) 式により，

$$\frac{\partial L}{\partial r} - \frac{d}{dt}\left(\frac{\partial L}{\partial \dot{r}}\right) = -m\ddot{r} + mr\dot{\theta}^2 + mr\dot{\phi}^2 \sin^2\theta - \frac{dV}{dr} = 0 \tag{2.22 c}$$

となる．このままでは明らかではないが，この系にはもう1つ保存量が存在する．それは，

$$l^2 \equiv (mr^2 \dot{\theta})^2 + (mr^2 \dot{\phi})^2 \sin^2\theta \tag{2.23}$$

である．これを時間微分して (2.22 a)，(2.22 b) を用いて，これが保存量であることを自ら確かめよ．これは，全角運動量の2乗という物理的意味をもったものである．Lagrange 形式では，(2.23) が保存量であることはみにくいが，あとで述べる Hamiltonian 形式では，それが明らかとなる（5章）．

---

* (2.19) 式は，z-軸のまわりの角運動量である．自ら確かめよ．$m(x\dot{y} - y\dot{x})$ に一致することを示せばよい．

例2──2粒子系

それぞれ質量 m_1 と m_2 をもった2つの粒子が，互いにポテンシャル $V(|\boldsymbol{x}_1-\boldsymbol{x}_2|)$ で相互作用している系を考えよう．ただし，$\boldsymbol{x}_1$ と $\boldsymbol{x}_2$ とは，それぞれ各粒子の位置ベクトルである．Lagrangian としては，やはり運動エネルギーと位置エネルギーの差をとればよい．すなわち，

$$L=\frac{1}{2}m_1\left(\frac{d\boldsymbol{x}_1}{dt}\right)^2+\frac{1}{2}m_2\left(\frac{d\boldsymbol{x}_2}{dt}\right)^2-V(|\boldsymbol{x}_1-\boldsymbol{x}_2|) \tag{2.24}$$

である．Euler-Lagrange の式は，

$$\frac{\partial L}{\partial \boldsymbol{x}_1}-\frac{d}{dt}\left(\frac{\partial L}{\partial \dot{\boldsymbol{x}}_1}\right)=-\boldsymbol{\nabla}_1 V-m_1\frac{d^2\boldsymbol{x}_1}{dt^2}=0 \tag{2.25 a}$$

$$\frac{\partial L}{\partial \boldsymbol{x}_2}-\frac{d}{dt}\left(\frac{\partial L}{\partial \dot{\boldsymbol{x}}_2}\right)=-\boldsymbol{\nabla}_2 V-m_2\frac{d^2\boldsymbol{x}_2}{dt^2}=0 \tag{2.25 b}$$

となる．ここに $\boldsymbol{\nabla}_1$ と $\boldsymbol{\nabla}_2$ とは，それぞれ $\boldsymbol{x}_1$ と $\boldsymbol{x}_2$ に関する微分を意味する（ベクトル解析でいう grad にあたる）．この場合，(2.25 a) と (2.25 b) を加え合わせると，運動量の保存則

$$\frac{d}{dt}\left(m_1\frac{d\boldsymbol{x}_1}{dt}+m_2\frac{d\boldsymbol{x}_2}{dt}\right)=0 \tag{2.26}$$

が得られる．ただし，ここで，V が2点の差の関数であるという条件

$$(\boldsymbol{\nabla}_1+\boldsymbol{\nabla}_2)V=0 \tag{2.27}$$

を用いた．

上の議論を変数変換の立場からながめてみよう．今，$\boldsymbol{x}_1$ と $\boldsymbol{x}_2$ のかわりに，

$$\left.\begin{array}{l}\boldsymbol{x}_1=\boldsymbol{x}_1'+\boldsymbol{x}_3'\\ \boldsymbol{x}_2=\boldsymbol{x}_2'+\boldsymbol{x}_3'\end{array}\right\} \tag{2.28}$$

なる関係にある3つの変数 $\boldsymbol{x}_1', \boldsymbol{x}_2', \boldsymbol{x}_3'$ を採用してみよう．(2.28) を (2.24) に代入すると，

$$L=\frac{1}{2}m_1(\dot{\boldsymbol{x}}_1'+\dot{\boldsymbol{x}}_3')^2+\frac{1}{2}m_2(\dot{\boldsymbol{x}}_2'+\dot{\boldsymbol{x}}_3')^2-V(|\boldsymbol{x}_1'-\boldsymbol{x}_2'|) \tag{2.29}$$

となる．直ちにわかることは，$\boldsymbol{x}_3'$ は循環座標であるということである．したがって，保存則

$$\frac{\partial L}{\partial \boldsymbol{x}_3'} - \frac{d}{dt}\left(\frac{\partial L}{\partial \dot{\boldsymbol{x}}_3'}\right) = -\frac{d}{dt}\{m_1(\dot{\boldsymbol{x}}_1' + \dot{\boldsymbol{x}}_3') + m_2(\dot{\boldsymbol{x}}_2' + \dot{\boldsymbol{x}}_3')\}$$

$$= -\frac{d}{dt}(m_1\dot{\boldsymbol{x}}_1 + m_2\dot{\boldsymbol{x}}_2) = 0 \tag{2.30}$$

が得られる．これは前にみた (2.26) 式と同じで，運動量保存則である．(2.28) とおいたとき，V が 2 点の差の関数であるために，$\boldsymbol{x}_3'$ が循環座標になったのである．V がそうでなかったら，たとえば，V が $\boldsymbol{x}_1 \cdot \boldsymbol{x}_2$ の関数であったならそうはならない．

　上述のようなやり方で保存則を導く方法は，1 章の注意で述べた事実，すなわち，独立に変分する変数の数を増やしても矛盾が起こらないばかりか，それをうまく利用することができるという簡単な例である．

例 3 ── 自 由 粒 子

　次に，Lagrangian は必ずしも唯一ではないという簡単な例として，1 次元の力の働いていない粒子を考えてみよう．この場合，ポテンシャルは 0 であるから，1 つの可能性として，

$$L_1 = \frac{1}{2}m\dot{x}^2 \tag{2.31}$$

をとると，事実，Euler-Lagrange の式として，

$$\frac{\partial L_1}{\partial x} - \frac{d}{dt}\left(\frac{\partial L_1}{\partial \dot{x}}\right) = -m\ddot{x} = 0 \tag{2.32}$$

という自由粒子の方程式が得られる．また，

$$L_2 = e^{\alpha \dot{x}} \tag{2.33}$$

をとってみよう*．α は何か 0 でない定数とする．このとき，Euler-Lagrange の式は，

$$\frac{\partial L_2}{\partial x} - \frac{d}{dt}\left(\frac{\partial L_2}{\partial \dot{x}}\right) = -\frac{d}{dt}(\alpha e^{\alpha \dot{x}}) = -\alpha^2 \ddot{x} e^{\alpha \dot{x}} = 0 \tag{2.34}$$

となる．α は 0 でないから，この式は，

＊ この場合，$L = T - V$ という関係は成り立ってないが，Euler-Lagrange 式はやはり，加速度が 0 であるという自由粒子の式を与える．

$$\ddot{x}=0 \tag{2.35}$$

を意味する．これに質量 m をかけると，自由粒子の式が得られる．間接的だがこの Lagrangian L_2 も，自由粒子の Lagrangian といってよい．この簡単な例にみられるように，変分原理の結果として，Newton の方程式を与えるような Lagrangian は唯一ではないのである（7章参照）．

注　意

さらに端的に，Lagrangian の不定性を示す例として，x の任意の関数 $W(x)$ を考えてみよう．$W(x)$ の時間微分は，

$$\frac{dW(x)}{dt} = \frac{dW(x)}{dx}\dot{x} \tag{2.36}$$

である．$dW(x)/dx$ は x のみの関数だから，(2.36) 式を用いて，

$$\frac{\partial}{\partial x}\left(\frac{dW}{dt}\right) - \frac{d}{dt}\left\{\frac{\partial}{\partial \dot{x}}\left(\frac{dW}{dt}\right)\right\} = \frac{d^2 W(x)}{dx^2}\dot{x} - \frac{d}{dt}\left(\frac{dW(x)}{dx}\right)$$

$$= \frac{d^2 W(x)}{dx^2}\dot{x} - \frac{d^2 W(x)}{dx^2}\dot{x} = 0 \tag{2.37}$$

となる．したがって，任意の Lagrangian L に dW/dt を加えたもの

$$L' = L + \frac{dW}{dt} \tag{2.38}$$

も，全く同じ Euler-Lagrange の方程式を与える．というのは，(2.38) の最後の項は，(2.37) により Euler-Lagrange の方程式には全然寄与しないからである．

2つの Lagrangian が，全く同じ Newton の方程式を与えるとき，これら2つの Lagrangian の差が，必ずしもある関数の時間微分になるとはかぎらない．上の自由粒子の例では，L_1 と L_2 の差はそのようには書けない．しかし，もし2つの Lagrangian から得られる2つの Euler-Lagrange の式が，<u>右辺を0とおく以前に全く等しいなら</u>，これら2つの Lagrangian は，(2.38) で結ばれているということを証明することができる．これをついでに証明しておこう．2つの Lagrangian をそれぞれ L' と L とし，その差を G としておこう．G は x と $\dot{x}$ のみの関数とする．すなわち，

$$L' = L + G(x, \dot{x}) \tag{2.39}$$

L' と L とは，0 とおく前の Euler-Lagrange の式が等しいから，G は，恒等的に，

$$\frac{\partial G}{\partial x} - \frac{d}{dt}\left(\frac{\partial G}{\partial \dot{x}}\right) \equiv 0 \tag{2.40}$$

を満たしていなければならない〔(2.40) は，Euler-Lagrange の式と全く異なった意味をもっていることに注意しなければならない．(2.40) は，x や $\dot{x}$ がなんであっても恒等的に成り立つ関係という意味で，それは G の関数形を制限する．一方，Euler-Lagrange の式は，L が x と $\dot{x}$ の与えられた関数であるとき，x を制限する〕．(2.40) 式は，

$$\frac{\partial G}{\partial x} - \frac{\partial^2 G}{\partial x \partial \dot{x}}\dot{x} - \frac{\partial^2 G}{\partial \dot{x}^2}\ddot{x} \equiv 0 \tag{2.41}$$

を意味するが，$\ddot{x}$ は最後の項にしか現れてないから，(2.41) が恒等的に成り立つためには，まず $\ddot{x}$ の係数が 0 でなければならない．すなわち，

$$\frac{\partial^2 G}{\partial \dot{x}^2} = 0 \tag{2.42}$$

これは，

$$G(x, \dot{x}) = f(x)\dot{x} + g(x) \tag{2.43}$$

を意味する．ただし，$g(x)$ と $f(x)$ は，x の全く任意の関数である．次に (2.43) を (2.41) に代入すると，

$$\frac{dg(x)}{dx} + \frac{df(x)}{dx}\dot{x} - \frac{df(x)}{dx}\dot{x} = \frac{dg(x)}{dx} \equiv 0 \tag{2.44}$$

となる．したがって，

$$g(x) = \text{const.} \tag{2.45}$$
$$G(x, \dot{x}) = f(x)\dot{x} + \text{const.} \tag{2.46}$$

としかなりえないことになる．(2.46) の最後の定数は，どちらにせよ Euler-Lagrange の式には効かないことは明らかであるから，それを別にすると，けっきょく $f(x)$ を x で積分したものを W として，つまり，

$$\frac{dW(x)}{dx} = f(x) \tag{2.47}$$

なる W を用いて,

$$L' = L + \frac{dW(x)}{dt} + \text{const.} \tag{2.48}$$

が得られる．この形の不定性は，あとで正準変換論を展開するとき大活躍するから，ここで詳論したわけである．x のみならず，もっと多くの変数に依存する Lagrangian の場合については自ら試みるとよい．

例 4 ── 非線形振動

今までの例は，Euler-Lagrange の方程式を形式的に扱うものばかりだったが，変分原理は，実用にもなるという例を 1 つだけここであげておこう．いま，非線形方程式

$$\ddot{x} + \omega_0^2 x + \varepsilon x^3 = 0 \tag{2.49}$$

を考えてみよう．最後の項がいわゆる非線形項である．定数 ε は小さいとしておこう．もし $\varepsilon = 0$ ならば，これは，1 次元の調和振動子でよく知られているように，たとえば，

$$x = A \sin \omega_0 t \tag{2.50}$$

という解がある．ここで A は調和振動の振幅で，全く任意の定数である．もし，ε が 0 でなく小さい数のとき，振動は (2.50) から，どのくらいずれてくるであろうか．これを以下，変分原理を用いて調べてみよう．まず，(2.49) を与える Lagrangian として，

$$L = \frac{1}{2}(\dot{x}^2 - \omega_0^2 x^2) - \frac{\varepsilon}{4} x^4 \tag{2.51}$$

をとる．作用積分

$$I = \int_{t_1}^{t_2} dt\, L \tag{2.52}$$

を作り，この章のはじめに述べた方法で極値を与える条件を求めると，出発点の方程式 (2.49) に戻ってしまう．これは，(2.52) の作用積分の極値を探すのに，すべての可能な関数 x を考慮したからである（η が全く任意としたの

がそれ).そうしないで,極値を探すのに,あらかじめあるパラメーターを含んだ関係のみを考えて,そのパラメーターがどのような値をとったとき,作用積分が極値をとるかという問題におきかえてみるのである.具体的には,次のように行う.まず,$\varepsilon=0$ のときは,解が (2.50) であるから,ε が小さいときは,(2.50) からあまり離れてはいないだろう.それを,あてずっぽうに,

$$x = A \sin \omega t \tag{2.53}$$

とおいてみよう*.A と ω は,まだ何かわからないパラメーターである.変分原理をもう一度思い出してみると,作用積分の上限と下限では,$\eta=0$ とおいて極値を探したが,(2.53) を用いて A を無限小だけ変えたら,任意の時刻 t_1 と t_2 でその条件が満たされなくなる.しかし (2.53) は周期解だから,作用積分を 1 周期について,

$$I = \int_0^{2\pi/\omega} dt\, L \tag{2.54}$$

と定義しておくと,A を任意に変えても,上限と下限で常に x の変分が 0 である.そこで,あてずっぽうにおいたためし関数 (2.53) を (2.54) に代入し,

$$\int_0^{2\pi/\omega} dt\, \sin^2 \omega t = \frac{\pi}{\omega} \tag{2.55 a}$$

$$\int_0^{2\pi/\omega} dt\, \cos^2 \omega t = \frac{\pi}{\omega} \tag{2.55 b}$$

$$\int_0^{2\pi/\omega} dt\, \sin^4 \omega t = \frac{3}{4}\frac{\pi}{\omega} \tag{2.55 c}$$

を用いて積分を遂行すると,

$$I = \frac{1}{2}A^2 \frac{\pi}{\omega}(\omega^2 - \omega_0^2) - \frac{\varepsilon}{4}\frac{3}{4}\frac{\pi}{\omega}A^4 \tag{2.56}$$

が得られる.それから,これが,A のある値で極値をとるところを探す.それには,(2.56) を A^2 で微分して,それを 0 とおいてみればよい.これは,

---

* このように,あてずっぽうにおいた関数を**ためし関数** (trial function) という.

2.4 Hamilton の原理

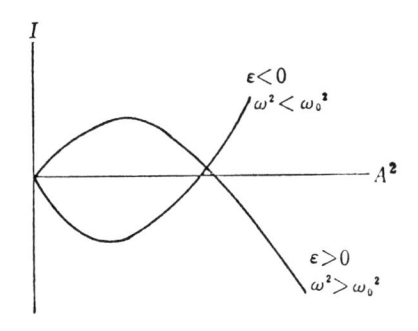

図 2.4

$$\frac{\partial I}{\partial A^2} = \frac{1}{2}\frac{\pi}{\omega}\left(\omega^2 - \omega_0^2 - \varepsilon\frac{3}{4}A^2\right) = 0 \tag{2.57}$$

すなわち,

$$\omega^2 = \omega_0^2 + \varepsilon\frac{3}{4}A^2 \tag{2.58}$$

が得られる．したがってためし関数 (2.53) で，振幅と振動数に (2.58) という関係をおくと，それが，作用積分を極値にしている．

ここで何をやったかというと，変分をする前に関数形を決めておき，その関数形の範囲内で，作用積分を極値にするようなものを探したわけである．したがって，はじめにとったためし関数として，うまいものをとればとるほど，近似がよくなる．$\varepsilon=0$ の場合は調和振動 (2.50) が正解だから，ε の小さいかぎり (2.58) も正解に近いだろう．事実，方程式 (2.49) には，厳密解が見いだされており（寺沢寛一(1960)），それは，

$$\frac{2\pi}{\omega} = \frac{4}{\omega_0}\int_0^{\pi/2}d\theta\left[1+\varepsilon\frac{A^2}{\omega_0^2}\left(1-\frac{1}{2}\cos^2\theta\right)\right]^{-1/2} \tag{2.59}$$

で与えられる．ε が小さいとして (2.59) を展開して求めると，

$$\frac{2\pi}{\omega} = \frac{2\pi}{\omega_0}\left[1 - \frac{3\varepsilon}{8\omega_0^2}A^2 + \cdots\right] \tag{2.60}$$

となる．これは，(2.58) の同様な展開と，ε の 1 次の項で一致している．

このように，変分原理は，近似解を求めるという実用にも用いることができ

るが，変分原理のこのような使い方は古典論での話で，量子力学には今のところ用いられていない．量子力学では，異なった形の変分原理が近似解法として用いられる（拙著，物理数学ノートII，講談社参照）．

演習問題 2

1. 空間の与えられた2点を結ぶ線のうち，直線が最短であることを変分法を用いて示せ．
2. 重さのある糸の両端を固定して吊したときの糸の形を変分原理を用いて求めよ．
3. 自由な1粒子の作用積分を，それと速度 u で動いている座標系での作用積分と比較せよ．
4. 剛体の運動方程式を，変分原理から導け．
5. 速度に比例した抵抗の働いている場合の振動子の運動方程式
$$m\ddot{x} + \gamma\dot{x} + m\omega_0^2 x = 0$$
を，Euler-Lagrange の方程式とするような Lagrangian を作れ．ただし，γ, ω_0 は定数，m は質量である．
6. Lagrangian が q_i の時間に関する2階微分を含む場合に，Euler-Lagrange の方程式を拡張せよ．
7. 自由度 f の系において，
$$L' = L + \frac{dW}{dt}$$
と L とは，全く同じ Euler-Lagrange の方程式を与えることを証明せよ．ただし，W は $q_1, q_2, \cdots, q_f$ の関数である．
8. 角運動量の自乗 (2.23) を角運動量の定義
$$l = x \times p$$
から導いてみよ．ただし，
$$p = m\dot{x}$$

3章　正準形式の理論

3.1　はじめに

今まで考えてきた Lagrangian は，q_i と $\dot{q}_i$ の関数であった．また考えてきた変数変換は，
$$q_i = q_i(Q_1, Q_2, \cdots, Q_f) \qquad i=1, 2, \cdots, f$$
の形のもので，右辺には Q の時間微分の入っていない場合であった．もし右辺に $\dot{Q}$ が入っていたら，Lagrangian を変換すると $Q_i, \dot{Q}_i, \ddot{Q}_i$ の関数となり，はじめに考えた理論のわく，すなわち Lagrangian は，変数とそれらの1階時間微分の関数であるというわくを出てしまうから，理論が使えなくなる．

この点を改良し，さらに広い形の変数変換を許すようにしたのが，これから述べる正準形式の理論である．1章で簡単な例をあげたが，そこでみたように，考え方は変数の数を増やして時間微分の階数を下げる．すると，その増やした変数の間で，時間微分を含まない変数変換が考えられるということである．変数を増やして時間微分を下げる方法はいろいろ考えられる．しかし以下に述べる Hamilton の方法が最も系統的であり，量子力学への橋渡しができる．

1章であげた簡単な例では，x に加えて運動量 p も変数と考えて，時間微分の数を1階に下げた．同様のことをさらに複雑な系に拡張しようとすると，ま

ず，運動量という概念を拡張しなければならない．それらを新しく独立変数とみなして，Hamiltonian を，1章よりももっと一般的に定義する．すると，運動方程式は，1階時間微分しか含まないものになる．かつ，そうして得られた Hamilton の運動方程式には，座標と運動量の間にいわゆる，相反関係が成立する．こうして，座標と運動量とをごっちゃに混ぜた広い範囲の変換が許されることになる．どんな変換が許されるかは，4章で詳しく論じる．

3.2 Hamiltonian

ある物理系が，一般化座標 $q_i(i=1,2,\cdots,f)$ で記述されているとしよう．Lagrangian が与えられるとその系の力学的性質は決まる．その際一般化運動量を，

$$p_i \equiv \frac{\partial L}{\partial \dot{q}_i} \tag{3.1}$$

で定義しよう*．この式の右辺は，一般に $q_1, q_2, \cdots, q_f, \dot{q}_1, \dot{q}_2, \cdots, \dot{q}_f$ の関数である．以下この関数が逆に解けて，$\dot{q}_i$ が $q_1, \cdots, q_f, p_1, \cdots, p_f$ の関数として表される場合に話を限ろう．そうできない場合にも，Hamilton 形式が成り立たないというわけではないが，すべての場合を含めて一度に一般論を展開するのが困難だからである．

さて次に，

$$H = \sum_i p_i \dot{q}_i - L \tag{3.2}$$

によって，**Hamiltonian** を定義する．ただし，この式の右辺は，このままでは $q_1, \cdots, q_f, \dot{q}_1, \cdots, \dot{q}_f$ の関数だが，それを (3.1) の逆変換を用いて $\dot{q}_1, \cdots, \dot{q}_f$ を消去してしまう**．このようにして (3.2) という量は，$q_1, \cdots, q_f, p_1, \cdots, p_f$ のみの関数で表されるが，この際 H を Hamiltonian とよぶ．すなわち，

---

* これが運動量とよぶにふさわしいということは，4章の例3で明らかになる．
** これは，Legendre 変換の一種である．Legendre 変換については付録 B を参照．

3.2 Hamiltonian

$$H = H(q_1, \cdots, q_f\,;\,p_1, \cdots, p_f) = H(q\,;\,p) \tag{3.3}$$

今後ことわらないかぎり，q_i と $p_i(i=1,2,\cdots,f)$ を独立変数とし，$\dot{q}_i$ は (3.1) 式の逆変換を用いて q_i と p_i で表す．

今，q_i と p_i とをそれぞれ任意の無限小量 η_i と ζ_i だけ増やすと，すなわち，

$$q_i \to q_i + \eta_i \tag{3.4 a}$$

$$p_i \to p_i + \zeta_i \tag{3.4 b}$$

に対して，$\dot{q}_i$ は，

$$\dot{q}_i \to \dot{q}_i + \sum_j \left(\frac{\partial \dot{q}_i}{\partial q_j}\eta_j + \frac{\partial \dot{q}_i}{\partial p_j}\zeta_j \right) \tag{3.4 c}$$

となる．

さて，q_i と p_i を独立とする立場では，

$$H(q+\eta\,;\,p+\zeta) = H(q\,;\,p) + \sum_i \left(\frac{\partial H(q\,;\,p)}{\partial q_i}\eta_i + \frac{\partial H(q\,;\,p)}{\partial p_i}\zeta_i \right) \tag{3.5}$$

一方，定義 (3.2) によると，

$$H(q+\eta\,;\,p+\zeta) = H(q\,;\,p) + \sum_i \zeta_i \dot{q}_i + \sum_{i,j} p_i \left(\frac{\partial \dot{q}_i}{\partial q_j}\eta_j + \frac{\partial \dot{q}_i}{\partial p_j}\zeta_j \right)$$

$$- \sum_i \frac{\partial L}{\partial q_i}\eta_i - \sum_{i,j} \frac{\partial L}{\partial \dot{q}_i}\left(\frac{\partial \dot{q}_i}{\partial q_j}\eta_j + \frac{\partial \dot{q}_i}{\partial p_j}\zeta_j \right)$$

$$= H(q\,;\,p) - \sum_i \frac{\partial L}{\partial q_i}\eta_i + \sum_i \dot{q}_i \zeta_i \tag{3.6}$$

が得られる．ただし p_i の定義 (3.1) を用いた．(3.5) と (3.6) を比べると，

$$\frac{\partial H(q\,;\,p)}{\partial p_i} = \dot{q}_i \tag{3.7 a}$$

$$\frac{\partial H(q\,;\,p)}{\partial q_i} = -\frac{\partial L(q\,;\,\dot{q})}{\partial q_i} \qquad i=1,2,\cdots,f \tag{3.7 b}$$

である．これらの式は，Hamiltonian の定義と，p_i の定義だけから出てきたもので，q_i の性質とは無関係である．

3.3 正準運動方程式

もし，Euler-Lagrange の方程式が成り立っていると，p_i の定義と (3.7 b) により，

$$\frac{\partial L(q\,;\,\dot{q})}{\partial q_i} - \frac{d}{dt}\left(\frac{\partial L(q\,;\,\dot{q})}{\partial \dot{q}_i}\right)$$

$$= -\frac{\partial H(q\,;\,p)}{\partial q_i} - \dot{p}_i = 0 \qquad (3.8)$$

である．(3.7) 式の 2 つは，したがって，

$$\frac{\partial H(q\,;\,p)}{\partial p_i} = \dot{q}_i \qquad (3.9\,\text{a})$$

$$-\frac{\partial H(q\,;\,p)}{\partial q_i} = \dot{p}_i \qquad i = 1, 2, \cdots, f \qquad (3.9\,\text{b})$$

と書くことができる．この 2 式で，Euler-Lagrange の方程式と完全に同等である．(3.9) を見るとわかるように，はじめの目的，すなわち変数の数を増やして，そのかわり時間微分の階数を下げることができたわけである．(3.9) を **Hamilton の運動方程式**あるいは，**正準運動方程式** (canoninal equation of motion) といい，変数 q と p の間の対称性が顕著である．繰り返すが，これらは Euler-Lagrange の方程式と全く同じものである．p_i を，q_i に**共役な運動量** (conjugate momentum) ともいう．Hamilton の運動方程式を成立させる変数 q_i と p_i を**正準変数** (canoninal variables) という．

注 意

1) 上では，Lagrangian から Hamiltonian を定義したが，あらかじめ，Hamilton 形式の理論が与えられていれば，ある条件のもとにそれを逆に Lagrange 形式にもっていくこともできる．

2) 古典力学では，このように Lagrangian が与えられると，(3.2) によって Hamiltonian が定義できる．しかし，量子力学では，そのつど Lagrangian を通らないで直接 Hamiltonian を扱うことが多い．事実，量子力学では，

Hamiltonian は定義できるが，それに対応する Lagrangian は存在しないということも起こる．たとえば，電子は固有の角運動量であるスピンというものをもつが，それを表す力学変数については Hamiltonian は存在するが，Lagrangian は存在しない．このような場合，ではいったい Hamiltonian とは何か，何によって定義するのかということが問題になる．これは，あとで正準変換の母関数という概念を導入したときに明らかになる（4章例5を参照）．

例1 ── 調和振動子

質量 m の1次元の調和振動子の Lagrangian は，

$$L = \frac{1}{2} m \dot{x}^2 - \frac{1}{2} m \omega_0^2 x^2 \tag{3.10}$$

である．したがって，

$$p = \frac{\partial L}{\partial \dot{x}} = m \dot{x} \tag{3.11}$$

$$H = p\dot{x} - L = p\left(\frac{1}{m}p\right) - \frac{1}{2}m\left(\frac{1}{m}p\right)\left(\frac{1}{m}p\right) + \frac{1}{2}m\omega_0^2 x^2$$

$$= \frac{1}{2m} p^2 + \frac{1}{2} m \omega_0^2 x^2 \tag{3.12}$$

正準運動方程式は，

$$\dot{x} = \frac{\partial H}{\partial p} = \frac{1}{m} p \tag{3.13 a}$$

$$\dot{p} = -\frac{\partial H}{\partial x} = -m \omega_0^2 x \tag{3.13 b}$$

となる．(3.13) の 2 式から，調和振動子の通常の式を出してみせるのは容易であろう．これらの2式から p を消去すればよい．

例2 ── 中心力場の中の1粒子

Lagrangian は (1.9) により，

$$L = \frac{1}{2} m \dot{\boldsymbol{x}}^2 - V(r) \tag{3.14}$$

である．したがって，

$$\boldsymbol{p} = \frac{\partial L}{\partial \dot{\boldsymbol{x}}} = m\dot{\boldsymbol{x}} \tag{3.15}$$

$$H = \boldsymbol{p}\dot{\boldsymbol{x}} - L = \frac{1}{2m}\boldsymbol{p}^2 + V(r) \tag{3.16}$$

となる．これは x-y-z 座標のときのことで，(3.15) が $\boldsymbol{x}$ に共役な運動量である．一方，球面座標では (1.17) より，

$$L = \frac{1}{2}m(\dot{r}^2 + r^2\dot{\theta}^2 + r^2\dot{\phi}^2\sin^2\theta) - V(r) \tag{3.17}$$

であるから，r と θ と ϕ に共役な運動量はそれぞれ，

$$p_r = \frac{\partial L}{\partial \dot{r}} = m\dot{r} \tag{3.18 a}$$

$$p_\theta = \frac{\partial L}{\partial \dot{\theta}} = mr^2\dot{\theta} \tag{3.18 b}$$

$$p_\phi = \frac{\partial L}{\partial \dot{\phi}} = mr^2\dot{\phi}\sin^2\theta \tag{3.18 c}$$

となる．これらを用いて Hamiltonian を作ると，

$$H = \frac{1}{2m}\left(p_r^2 + \frac{1}{r^2}p_\theta^2 + \frac{1}{r^2\sin^2\theta}p_\phi^2\right) + V(r) \tag{3.19}$$

が得られる．したがって，Hamilton の方程式は，

$$\dot{r} = \frac{\partial H}{\partial p_r} = \frac{1}{m}p_r \tag{3.20 a}$$

$$\dot{\theta} = \frac{\partial H}{\partial p_\theta} = \frac{1}{m}\frac{1}{r^2}p_\theta \tag{3.20 b}$$

$$\dot{\phi} = \frac{\partial H}{\partial p_\phi} = \frac{1}{m}\frac{1}{r^2\sin^2\theta}p_\phi \tag{3.20 c}$$

$$\dot{p}_r = -\frac{\partial H}{\partial r} = \frac{1}{mr^3}\left(p_\theta^2 + \frac{1}{\sin^2\theta}p_\phi^2\right) - \frac{dV(r)}{dr} \tag{3.21 a}$$

$$\dot{p}_\theta = -\frac{\partial H}{\partial \theta} = \frac{1}{m}\frac{1}{r^2}\frac{\cos\theta}{\sin^3\theta}p_\phi^2 \tag{3.21 b}$$

$$\dot{p}_\phi = -\frac{\partial H}{\partial \phi} = 0 \tag{3.21c}$$

となる．最後の式は，ϕ が循環座標であるために出てきた保存則である．この式と(2.22)式と比べてみると同一のものであることがわかる．そのとき述べたように，その保存量は z-軸のまわりの角運動量である．ϕ の共役運動量は，したがって，z-軸のまわりの角運動量になっていることになる．

注　意

このような比較的簡単なひねくれていない例では，Hamiltonian は，(1.35) のように，全エネルギーを正準変数で表したものになっている．このことは，常に成り立っているというわけではない．たとえば，2章の例3であげた Lagrangian (2.33) を採用し，それから Hamiltonian を作ってみると，それは，全エネルギーに一致しない．しかし量子論に移行したとき重要なのは，Hamiltonian が全エネルギーに一致する場合である．その理由は，ここで詳しく論じられないが，いわゆる Einstein-de Broglie（ドブロイ）の与えた，振動数とエネルギーの関係式が原因であることを指摘しておこう（7章参照）．

例3――荷電粒子の電磁相互作用*

今質量 m，電荷 e の粒子に，電磁場 $\boldsymbol{E}$ と $\boldsymbol{H}$ が働いていると，それは運動方程式

$$m\ddot{\boldsymbol{x}} = e\left(\boldsymbol{E} + \frac{1}{c}\boldsymbol{v}\times\boldsymbol{H}\right) \tag{3.22}$$

に従う．右辺はいわゆる Lorentz（ローレンツ）の力で，$\boldsymbol{E}$ と $\boldsymbol{H}$ とは，それぞれ荷電粒子の場所における電場と磁場とである．$\boldsymbol{v}$ は，荷電粒子の速度である**．この方程式を正準方程式として与えるような Hamiltonian はなんであろうか．そのためには，$\boldsymbol{E}$ と $\boldsymbol{H}$ そのままでは不便で，ベクトルポテンシャル $\boldsymbol{A}$ とスカラーポテンシャル A_0（これらも，荷電粒子の位置における場）を用い，

---

* ここでは，Gauss の単位系を用いる．原子物理では，この単位系のほうがよく使われるからである．
** c は光の速度．

$$E = -\nabla A_0 - \frac{1}{c}\frac{\partial A}{\partial t} \qquad (3.23\text{ a})$$

$$H = \nabla \times A \qquad (3.23\text{ b})$$

としておくとよい*．そのとき，

$$H = \frac{1}{2m}\left(p - \frac{e}{c}A\right)^2 + eA_0 \qquad (3.24)$$

ととれば，正準方程式として (3.22) が出てくることを示そう． A と A_0 は，粒子の位置 $x(t)$ と時間 t の関数である．正準方程式は，各成分について**，

$$\dot{x}_i = \frac{\partial H}{\partial p_i} = \frac{1}{m}\left(p_i - \frac{e}{c}A_i\right) \qquad (3.25\text{ a})$$

$$\dot{p}_i = -\frac{\partial H}{\partial x_i} = \frac{e}{mc}\sum_{j=1}^{3}\left(p_j - \frac{e}{c}A_j\right)\frac{\partial A_j}{\partial x_i} - e\frac{\partial A_0}{\partial x_i} \qquad i=1,2,3 \quad (3.25\text{ b})$$

である．(3.22) に一致することを示すには，(3.25 a) を時間微分して，それに (3.25 b) を用いる．すなわち，

$$\begin{aligned}
m\ddot{x}_i &= \dot{p}_i - \frac{e}{c}\frac{dA_i}{dt} \\
&= \dot{p}_i - \frac{e}{c}\sum_j \frac{\partial A_i}{\partial x_j}\frac{dx_j}{dt} - \frac{e}{c}\frac{\partial A_i}{\partial t} \\
&= -e\frac{\partial A_0}{\partial x_i} + \frac{e}{mc}\sum_j\left(p_j - \frac{e}{c}A_j\right)\frac{\partial A_j}{\partial x_i} \\
&\quad - \frac{e}{c}\sum_j \frac{\partial A_i}{\partial x_j}\frac{dx_j}{dt} - \frac{e}{c}\frac{\partial A_i}{\partial t}
\end{aligned} \qquad (3.26)$$

ここで (3.23) と (3.25 a) を用いると，

$$m\ddot{x}_i = e\left(E_i + \frac{1}{c}(v\times H)_i\right) \qquad (3.27)$$

が得られる．

---

* 電磁気学の教科書を参照せよ．
** $x=x_1$, $y=x_2$, $z=x_3$ とする．

Hamiltonian (3.24) 式と，自由粒子のそれ

$$H = \frac{1}{2m}\boldsymbol{p}^2 \tag{3.28}$$

を比べてみると，次のようなことに気がつく．すなわち，荷電粒子が電磁場と相互作用している場合の Hamiltonian を得るには，自由粒子のもの (3.28) においておきかえ，

$$H \to H - eA_0 \tag{3.29 a}$$

$$\boldsymbol{p} \to \boldsymbol{p} - \frac{e}{c}\boldsymbol{A} \tag{3.29 b}$$

を行えばよい．このようにして導入された相互作用を，**minimal な電磁相互作用**とよぶ．minimal な電磁相互作用は，荷電粒子が Lorentz の力によって運動することを保証するものであるといってよい．Hamiltonian (3.24) は，荷電粒子を量子力学的に扱うとき重要になる．

演習問題 3

1. Lagrangian が循環座標を含むとき，Hamiltonian でもそうなっているか．
2. Hamiltonian (3.24) が与えられているとき，Lagrangian を求めよ．
3. Lagrangian が，
$$L = T - V$$
で与えられており，運動エネルギー T が速度の 2 次形式かつ，ポテンシャル V が，速度を含まないならば，
$$H = T + V$$
になることを証明せよ．
4. 正準方程式 (3.9) は，複素変数
$$a_i = \frac{1}{\sqrt{2}}(q_i + ip_i)$$

$$a_i^* = \frac{1}{\sqrt{2}}(q_i - ip_i)$$

を用いると，

$$i\frac{da_i}{dt} = \frac{\partial H}{\partial a_i{}^*}$$

と表されることを証明せよ．

5. Hamiltonian

$$H = H(q_i; p_i, t)$$

が与えられたとき，

$$\frac{\partial S}{\partial t} + H\left(q_i; \frac{\partial S}{\partial q_i}, t\right) = 0$$

を，Hamilton-Jacobi（ヤコビ）の偏微分方程式という．作用積分

$$I = \int_{t_1}^{t_2} dt\, L$$

に，運動方程式の解 $q_i = q_i(t)$ を代入し，上限 t_2 を t としたものを $I(t)$ とすると，$I(t)$ は Hamilton-Jacobi の方程式の解であることを示せ．

6. 与えらえた Lagrangian L から，(3.2) によって作った Hamiltonian と，$L' = L + dW/dt$ から作ったものと同一であることを確かめよ．ただし，W は q_i のみの関数とする．

7. 電磁場と相互作用している粒子の Hamiltonian は (3.24) で与えられる．この Hamiltonian は，時間的に保存されるだろうか．

4章　正準変換

4.1　はじめに

　Hamiltonの形式では前章で説明したように，独立変数は，一般化座標 q_1, $\cdots$, q_f とそれらに共役な運動量 p_1, $\cdots$, p_f である．これらの独立変数の間の完全に一般的な変換に対して，Hamilton の方程式が形を変えないというわけではない．q_1, $\cdots$, q_f, p_1, $\cdots$, p_f をごっちゃにした変数変換の中で，Hamilton の方程式の形を変えないようなものを正準変換という．これが，どのようなものであるかを議論するのが，この章で述べる正準変換論である．ただしここでは，量子力学への橋渡しをするのが目的であるから，正準変換を用いて，いろいろな力学の問題を解くということはやらない．1章の演習問題6で，Hamiltonの方程式がその形を変えない条件を求めたが，ここでは伝統に従い，変分原理の立場からこれを論じてみる．要は，2章例3の注意の項で述べたように，Lagrangian は唯一のものではなく，時間微分で表される項だけ異なる2つのLagrangian は，同一の Euler-Lagrange の方程式を与えるという事実を用いて，変換した結果の Lagrangian が，変換する以前の Lagrangian と時間微分の項だけ異なるかいなかを調べるわけである．

　そのためには，まず，Hamiltonの方程式を変分原理から導いておかなければならない．これを用いて，正準変換論を展開する．正準変換の中で，特に量子

力学において重要なのは，無限小正準変換である．これは，恒等変換（つまり変換しないということ）から，無限小だけずれた変換で，そのとき，その変換の母関数という重要な概念が導入されるが，量子力学では，物理量が何かの変換の母関数となる．変換と，変換の母関数の関係が，おおざっぱにいってちょうど波動と粒子の二重性となる．

ここでは，むろん古典論の範囲で，空間回転とその母関数である角運動量，時間推進とその母関数である Hamiltonian, 空間推進とその母関数である運動量などを論じる．

無限小変換を調べておくと，それを何度も繰り返すことによって，無限小でない有限の変換を作ることができる．ただし，すべての有限変換が，無限小変換の積み重ねで作られるとはかぎらない．たとえば，空間座標の右手系から左手系へ変換する場合，これは無限小変換からは作れない．しかし，ここでは，無限小変換を主として考える．というのは，これが量子力学に特に重要だからである．

4.2 変分原理と正準方程式

(3.2) 式でわれわれは，q と $\dot{q}$ の関数である Lagrangian から Hamiltonian H を定義した．H は (3.1)式の逆変換を用いて，定義 (3.2) を q と p の関数として書き直すことによって得られる．そしてそのとき, Lagrangian に対する Euler-Lagrange の式が成り立てば，正準方程式 (3.9) が成立する．Euler-Lagrange の方程式は，変分原理から導かれるから，正準方程式も変分原理から導くことができるだろう．正準方程式が，どのような変数変換に対してその形を変えないかという問題を調べるには，それを変分原理から導いておくと便利なので，ここでそれを確かめておこう．

まず, Hamiltonian が与えられているとき，

$$\overline{L} \equiv \sum_i p_i \dot{q}_i - H(q\,;\,p) \tag{4.1}$$

を定義する．この $\overline{L}$ は，数値的には Lagrangian と同じものだが，ここでは，

4.2 変分原理と正準方程式

これを, $q_1, \cdots, q_f, p_1, \cdots, p_f$ の $2f$ 個の独立変数の関数と考える. $\dot{q}_1, \cdots, \dot{q}_f$ はむろん $q_1, \cdots, q_f$ の時間微分である. 次に, 作用積分

$$\overline{I} = \int_{t_1}^{t_2} dt \overline{L} = \int_{t_1}^{t_2} dt \{ \sum_i p_i \dot{q}_i - H(q\,;\,p) \} \tag{4.2}$$

を定義し, これが, 完全に独立な, q と p に対して極値をとるところを求めると, これは正準方程式を満たすところにある. ただし, 考える変分は,

$$q_i \to q_i + \eta_i \equiv q_i' \tag{4.3a}$$

$$p_i \to p_i + \zeta_i \equiv p_i' \tag{4.3b}$$

であるが, 正準方程式を得る以前には, $\dot{q}_i$ と p_i とは, なんの関係もない独立なものであるから, $\dot{q}_i$ は, (4.3a) の時間微分をとる. なお (2.8) に対応して,

$$\eta_i(t_2) = \eta_i(t_1) = 0 \tag{4.4a}$$

$$\zeta_i(t_2) = \zeta_i(t_1) = 0 \tag{4.4b}$$

を満たす変分のみを考える. η と ζ に関して, 2次およびそれ以上の無限小を省略すると,

$$\begin{aligned}
\overline{I}' - \overline{I} &= \int_{t_1}^{t_2} dt \{ \sum_i p_i' \dot{q}_i' - H(q'\,;\,p') - \sum_i p_i \dot{q}_i + H(q\,;\,p) \} \\
&= \int_{t_1}^{t_2} dt \left\{ \sum_i (\zeta_i \dot{q}_i + p_i \dot{\eta}_i) - \sum_i \left(\frac{\partial H}{\partial q_i} \eta_i + \frac{\partial H}{\partial p_i} \zeta_i \right) \right\} \\
&= \int_{t_1}^{t_2} dt \left\{ -\sum_i \left(\frac{\partial H}{\partial q_i} + \dot{p}_i \right) \eta_i + \sum_i \left(-\frac{\partial H}{\partial p_i} + \dot{q}_i \right) \zeta_i \right\} + \sum_i p_i \eta_i \Big|_{t_1}^{t_2}
\end{aligned} \tag{4.5}$$

が得られる. 最後の項は, (4.4a) により消えるから*, 全く任意の η_i と ζ_i に対して, この式が 0 となるのは,

$$\frac{\partial H}{\partial q_i} = -\dot{p}_i \tag{4.6a}$$

---

* 今のところ, (4.4b) はいらない.

$$\frac{\partial H}{\partial p_i} = \dot{q}_i \tag{4.6 b}$$

が成り立つときに限られる．こうして正準方程式は，作用積分 (4.2) を極値にするという条件から得られたことになる．ただし，2 章のときとは，独立変数のとり方が異なっていたことに注意されたい．

注 意

ここまでの議論には，(4.4 b) が全然使われていない．しかしたとえば，q_i と p_i の任意の関数 $W(q\,;\,p)$ の時間微分を $\overline{L}$ に加えて，

$$\overline{L} + \frac{dW(q\,;\,p)}{dt} \tag{4.7}$$

を用いて，作用積分を定義したとき，(4.4 b) の条件がないと，正準方程式 (4.6) の成立するところで作用積分が極値をとらなくなる．いいかえると，(4.4 b) があると，(4.7) の最後の項が正準方程式に寄与しなくなる．したがって正準方程式を出すためならば，(4.4 a)，(4.4 b) を要求しておくかぎり，作用積分を定義するのに，(4.1) をとっても (4.7) をとってもどちらでもよいことになる．この任意性が正準変換論で最も重要な役割を演じる．

4.3 正準変数の変換

そこで，正準変換論に入るが，まず Hamiltonian が，正準変数 q_i と p_i ($i = 1, 2, \cdots, f$) で与えられているとしよう．すなわち，

$$H = H(q\,;\,p) \tag{4.8 a}$$

$$\dot{q}_i = \frac{\partial H(q\,;\,p)}{\partial p_i} \tag{4.8 b}$$

$$\dot{p}_i = -\frac{\partial H(q\,;\,p)}{\partial q_i} \tag{4.8 c}$$

であるとする．このとき，変換

$$q_i = q_i(Q_1, \cdots, Q_f, P_1, \cdots, P_f) \tag{4.9 a}$$

$$p_i = p_i(Q_1, \cdots, Q_f, P_1, \cdots, P_f) \tag{4.9 b}$$

で結ばれる新しい変数 Q_i, P_i が正準変数であるのは，どのようなときであるかを調べよう．ただし (4.9) には，逆変換が存在するとする．Q_i, P_i が正準変数ならば，定義により新しい Hamiltonian

$$K = K(Q ; P) \qquad (4.10\,\mathrm{a})$$

があり，方程式

$$\dot{Q}_i = \frac{\partial K(Q ; P)}{\partial P_i} \qquad (4.10\,\mathrm{b})$$

$$\dot{P}_i = -\frac{\partial K(Q ; P)}{\partial Q_i} \qquad (4.10\,\mathrm{c})$$

が成立しなければならない．(4.8) と (4.10) が両立するためには，

$$\overline{L} = \sum_i p_i \dot{q}_i - H(q ; p) = \sum_i P_i \dot{Q}_i - K(Q ; P) + \frac{dW}{dt} \qquad (4.11)$$

であればよい．なぜなら，4.2 の注意のところで述べたように，(4.11) の最後の項は，運動方程式には全然寄与しないので，(4.8) と (4.10) が得られるからである．ここで W は正準変数の任意の関数でよい．(4.11) は，(4.9) を用いて左辺を書き直したとき右辺のような形になれば，変換 (4.9) 式は正準変数 (q, p) から正準変数 (Q, P) への変換であるという意味である．このときの変換を**正準変換** (canonical transformation) という．

(4.11) 式の右辺と左辺が等しいというのは，次のような意味である．われわれは，(4.9) という変換を考えているので，(4.11) 式の中で，すべての q_i, p_i, Q_i, P_i を独立と考えてはいけない．これら $4f$ 個の変数の間に，(4.9) という $2f$ 個の関係があるから，$2f$ 個の変数だけが独立である．また，両辺を比べるときは運動方程式を用いてはいけない．なぜなら，「(4.11) が成り立っていれば，結果として，正準運動方程式が成り立つ」ということであって，(4.11) の段階では，運動方程式はまだ成立しているかいなかわからないのである．

たとえば，W が q_i と Q_i の関数であると，

$$\frac{dW}{dt} = \sum_i \left(\frac{\partial W}{\partial q_i} \dot{q}_i + \frac{\partial W}{\partial Q_i} \dot{Q}_i \right) \qquad (4.12)$$

であるから，これを (4.11) に代入して，両辺を q_i および Q_i の関数として比較すると，

$$p_i = \frac{\partial W}{\partial q_i} \tag{4.13 a}$$

$$P_i = -\frac{\partial W}{\partial Q_i} \tag{4.13 b}$$

$$H(q\,;p) = K(Q\,;P) \tag{4.13 c}$$

が得られる．(4.13 a) と (4.13 b) の右辺は，q_i と Q_i の関数である．(4.9) があらかじめ与えられていると，ここの W は，(4.13) によって決まる．逆に W が与えられていると，(4.9) の形の変換が決まる．W を変換の**母関数** (generator) という．

W は，ここでは，q_i と Q_i の関数としたが，たとえば，別の変数の関数とみてもよい．これを一般的に行うには，Legendre 変換によるのが便利だが，これはあまり抽象的だから付録 B にまわし，ここでは，次にあげる 2, 3 の例によって一般的なことを推察することにしよう．

例 1

変換の母関数が先に与えられている例として，

$$W = -\sum_i q_i Q_i \tag{4.14}$$

をとってみよう．(4.13) により，

$$p_i = \frac{\partial W}{\partial q_i} = -Q_i \tag{4.15 a}$$

$$P_i = -\frac{\partial W}{\partial Q_i} = q_i \tag{4.15 b}$$

すなわち，この変換は，(4.9) の形に書くと，

$$q_i = P_i \tag{4.16 a}$$

$$p_i = -Q_i \tag{4.16 b}$$

である．これは，1 章の例 (p.29) であげたものの特別な場合 ($\alpha=0$, $\beta=-1$) である．

例 2

自由度 1 の系について，

$$W = \frac{1}{2} q^2 \cot Q \tag{4.17}$$

なる母関数を考える．すると，(4.13) により，

$$p = \frac{\partial W}{\partial q} = q \cot Q \tag{4.18 a}$$

$$P = -\frac{\partial W}{\partial Q} = \frac{1}{2} q^2 \operatorname{cosec}^2 Q \tag{4.18 b}$$

これらを解くと，(4.9) の形式では，

$$q = \sqrt{2P} \sin Q \tag{4.19 a}$$
$$p = \sqrt{2P} \cos Q \tag{4.19 b}$$

となる．これも正準変換で，Poincaré（ポアンカレ）の変換といわれる．

この変換は一見複雑だが，調和振動子にこの変換をしてみると，その有効性がはっきりとみえる．質量 1 で，角振動数 1 の調和振動子は，Hamiltonian

$$H = \frac{1}{2}(p^2 + q^2) \tag{4.20}$$

で特徴づけられるが (3 章例 1 を見よ)，これを (4.19) を用いて Q と P で表すと，

$$H = P = K \tag{4.21}$$

である*．新しい正準運動量は Hamiltonian そのものである．これを用いて，新しい変数に対する正準運動方程式を作ってみると，

$$\dot{Q} = \frac{\partial K}{\partial P} = 1 \tag{4.22 a}$$

$$\dot{P} = -\frac{\partial K}{\partial Q} = 0 \tag{4.22 b}$$

というきわめて簡単なものになってしまう．この式を積分するのは容易であろ

---

* したがって，Q は循環座標である．

う．このように正準変換をうまく使うと，運動方程式の積分が簡単になる．

注 意

1） (4.17)をどうして思いついたか．こんなものを思いつくよりも，(4.20)から調和振動子の運動方程式を直接積分するほうが，まだ簡単ではないか！ 実は，ここでは，(4.17) を天下りに与えたので，このような疑問が起こったが，便利な正準変換を求めるには，もう少し組織的な方法がある．そのような方法は今のところ，量子力学の勉強には一応必要ないのでここでは論じない*．

2） 上の議論では W を q_i と Q_i の関数としたが，それは必要ではない．たとえば，

$$W = -\sum_i P_i Q_i + W'(q\,;\,P) \tag{4.23}$$

として (4.11) に代入すると，

$$\sum_i p_i \dot{q}_i - H(q\,;\,p) = \sum_i P_i \dot{Q}_i - K(Q\,;\,P) - \sum_i (\dot{P}_i Q_i + P_i \dot{Q}_i)$$

$$+ \sum_i \left(\frac{\partial W'}{\partial q_i} \dot{q}_i + \frac{\partial W'}{\partial P_i} \dot{P}_i \right) \tag{4.24}$$

この両辺を比較すると（q と P の関数として），

$$p_i = \frac{\partial W'}{\partial q_i} \tag{4.25 a}$$

$$Q_i = \frac{\partial W'}{\partial P_i} \tag{4.25 b}$$

$$H(q\,;\,p) = K(Q\,;\,P) \tag{4.25 c}$$

となる．したがって q_i と P_i の任意の関数 W' が与えられても，(4.25) によって (q, p) から (Q, P) への正準変換を作ることができる．この W' も**母関数**という．

正準変換には，ほかにいろいろな形式が存在する．これは付録 B で，Legendre 変換の例として勉強しよう．

---

* Hamilton-Jacobi の方法というのがそれである．

3) 変換が，(4.9)の形で与えられたとき，それが正準変換であるかいなかをみるのはあまり容易ではない．いちいち W や W' を作ってみるのはやっかいである．5章で議論するPoisson括弧を用いると，もっと容易に変換が正準変換であるかいなかを判定することができる．量子力学では，特にPoissonの括弧が重要である．しかし，Poisson括弧の性質を知るのに，この章のような議論が必要なのである．

4.4 恒 等 変 換

変換 (4.9) の右辺がそれぞれ単に Q_i と P_i である場合，すなわち，

$$q_i = Q_i \tag{4.26 a}$$
$$p_i = P_i \tag{4.26 b}$$

である場合を，**恒等変換** (identity transformation) または**単位変換** (unit transformation) という．この変換の母関数はなんであろうか．(4.11) をながめてみると，W は0であることがすぐわかるが，0にもいろいろある*．$W=0$ として (4.13) に代入してみると，$p_i=0$, $P_i=0$ となってしまって意味をなさない．(4.13) を導いたときのことをもう一度考えてみると，p_i と P_i をそれぞれ q_i と Q_i の関数とみなして計算を進めたが，(4.26) を見ると，恒等変換の場合にはそうはできないことがわかる．注意 2) では，p_i と Q_i をそれぞれ q_i と P_i の関数とみる立場をとった．(4.26) は，

$$Q_i = q_i \tag{4.27 a}$$
$$p_i = P_i \tag{4.27 b}$$

と書き直してみるとわかるように，

$$W' = \sum_i P_i q_i \tag{4.28}$$

から，(4.25) によって，

---

* $1-1=0$, $2-2=0$, …，すべて0だが，正準変換では，何の関数として0かが重要である．

$$p_i = \frac{\partial W'}{\partial q_i} = P_i \tag{4.29 a}$$

$$Q_i = \frac{\partial W'}{\partial P_i} = q_i \tag{4.29 b}$$

と表すことができる．したがって，母関数 W は (4.23) と (4.28) により，

$$W = -\sum_i P_i Q_i + \sum_i P_i q_i$$

$$= -\sum_i P_i (Q_i - q_i) \tag{4.30}$$

である．(4.30) は，(4.27 a) を用いると 0 だが，ここで重要なのは，(4.11) の左右両辺を何の関数とみて等しいとおくかということである．ここでは W に $-\sum_i P_i Q_i$ という項を加えておいて，(4.11)から余計な項を落としておき，残りを P_i と q_i の関数とみたわけである．

4.5 無限小変換

4.4 では恒等変換を考えたが，恒等変換からほんの少しだけずれた変換をどのように表現するか考えてみよう．恒等変換のときは，W' が (4.28) で与えられているから，無限小変換の母関数は，

$$W' = \sum_i P_i q_i + \varepsilon G(q\,;\,p) \tag{4.31}$$

と表される．ここに，ε は無限小のパラメーターである．$G(q\,;\,p)$ は考えている変換によって異なる q_i と p_i の関数である．この立場では，1 次までの無限小を考えるから，G は，q_i と p_i の関数と考えても，q_i と P_i の関数と考えても同じである．それらの差は，高次の無限小になる．すると，(4.25) により，

$$p_i = \frac{\partial W'}{\partial q_i} = P_i + \varepsilon \frac{\partial G(q\,;\,p)}{\partial q_i} \tag{4.32 a}$$

$$Q_i = \frac{\partial W'}{\partial P_i} = q_i + \varepsilon \frac{\partial G(q\,;\,P)}{\partial P_i} = q_i + \varepsilon \frac{\partial G(q\,;\,p)}{\partial p_i} \tag{4.32 b}$$

が得られる．ここで(4.32 b)の最後のところで，やはり高次の無限小を省略した．(4.32 a)，(4.32 b)を次のように書いておくと便利である．新しい座標が，古い座標からどれだけずれているかを示すのに，

$$\delta q_i \equiv Q_i - q_i \tag{4.33 a}$$

$$\delta p_i \equiv P_i - p_i \tag{4.33 b}$$

なる記号を用いると，(4.32)によって，

$$\delta q_i = \varepsilon \frac{\partial G(q\,;\,p)}{\partial p_i} \tag{4.34 a}$$

$$\delta p_i = -\varepsilon \frac{\partial G(q\,;\,p)}{\partial q_i} \tag{4.34 b}$$

となる．$G(q\,;\,p)$ を与えると，(4.34)から δq_i と δp_i が定まる．$G(q\,;\,p)$ のことを**無限小変換の母関数**（generating function）という*．

少々，話が抽象的になったから，以下，具体的な例をあげよう．

例3 —— 座標の無限小推進

今，座標系 x-y-z で記述されている粒子の位置を x としよう．はじめの座標系から少しずれた座標系 x'-y'-z' で同じ粒子を記述したとき，その位置ベクト

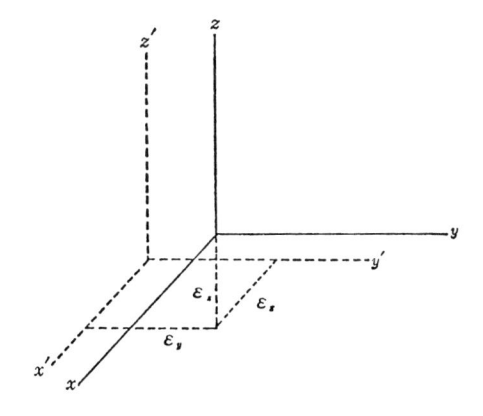

図 4.1

---

* G の符号を変えたものを母関数とよぶ場合もある．p.73の例4参照．

ルを $\boldsymbol{x}'$ とすると，

$$\boldsymbol{x}' = \boldsymbol{x} + \boldsymbol{\varepsilon} \tag{4.35}$$

である．ここに $\boldsymbol{\varepsilon}$ は，はじめの座標系とあとの座標系との**ずれ**で，むろんベクトルであり，有限の長さのものでもよいが，無限小変換の例としてベクトル $\boldsymbol{\varepsilon}$ の各成分が無限小の場合を考える．このように各座標軸は平行だが，原点がずれた新しい座標系で物理系を記述し直すことを，**空間推進**(space translation)という．両座標系で，粒子の速度は同じだから運動量も同じである．これを，

$$\delta x_i \equiv x_i' - x_i = \varepsilon_i \tag{4.36 a}$$

$$\delta p_i \equiv p_i' - p_i = 0 \qquad i = 1, 2, 3 \tag{4.36 b}$$

と書く*．したがって (4.34) の特別の場合として，3次元空間の無限小空間推進の母関数 G は，

$$\varepsilon G = \sum_{i=1}^{3} \varepsilon_i p_i \tag{4.37}$$

ということになる．(4.37) から，(4.34) により (4.36) が得られるからである．

一般に3次元空間にかぎらず，任意の座標系で，

$$\varepsilon G = \sum_{i=1}^{f} \varepsilon_i p_i \tag{4.38}$$

ととると，(4.34) により，

$$\delta q_i = \varepsilon \frac{\partial G}{\partial p_i} = \varepsilon_i \tag{4.39 a}$$

$$\delta p_i = 0 \qquad i = 1, 2, \cdots, f \tag{4.39 b}$$

である．すなわち (4.38) は，f 個の座標をそれぞれ ε_i だけずらせたことになる．この例で明らかなように，空間推進（3次元であれ，f 次元であれ）の母関数は本質的には運動量である．

例4 ── 無限小回転

まず2次元で考えよう．粒子が点 A にある場合，x-y 座標系でそれを記述し

---

* ここでは，x, y, z のかわりにそれぞれ $1, 2, 3$ を用いる．すなわち $x = x_1, y = x_2, z = x_3$．同様に運動量の成分も $p_x = p_1, p_y = p_2, p_z = p_3$ と書く．

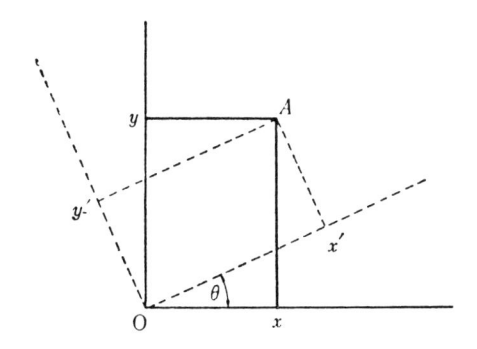

4.5 無限小変換

図 4.2

たときの位置ベクトルの成分を (x, y) としよう．同じ粒子を x-y 座標系を角 θ だけ回転した x'-y' 座標系で記述したときの位置ベクトルの成分を (x', y') とすると，それらの間に，

$$\left.\begin{array}{l} x' = x\cos\theta + y\sin\theta \\ y' = -x\sin\theta + y\cos\theta \end{array}\right\} \tag{4.40}$$

が成り立つ．三角法の公式を使うとすぐわかるが，

$$x'^2 + y'^2 = x^2 + y^2 \tag{4.41}$$

が満たされている．$x^2 + y^2$ は，原点から粒子の位置までの距離で，(4.41) は，座標系の回転によりそれが変わらないということをものがたっている*．これは，回転の1つの特徴である．角 θ が無限小であるとき，それを特に ε と書くと，

$$\left.\begin{array}{l} \sin\theta = \varepsilon \\ \cos\theta = 1 \end{array}\right\} \tag{4.42}$$

したがって，

$$x' = x + \varepsilon y \tag{4.43 a}$$

$$y' = y - \varepsilon x \tag{4.43 b}$$

---

* 逆は正しくない．すなわち，距離の変わらない変換は，回転であるとはいえない．右手系から左手系への変換でも，長さは変わらないが，それは回転ではない．

または,

$$\delta x = \varepsilon y \tag{4.44 a}$$

$$\delta y = -\varepsilon x \tag{4.44 b}$$

さらに,x と y 方向の運動量は,これに従って,

$$\delta p_x = m(\dot{x}'-\dot{x}) = \varepsilon p_y \tag{4.44 c}$$

$$\delta p_y = m(\dot{y}'-\dot{y}) = -\varepsilon p_x \tag{4.44 d}$$

である.したがって,回転の母関数を,

$$G = (yp_x - xp_y) \tag{4.45}$$

と選ぶと,

$$\delta x = \varepsilon \frac{\partial G}{\partial p_x} = \varepsilon y \tag{4.46 a}$$

$$\delta y = \varepsilon \frac{\partial G}{\partial p_y} = -\varepsilon x \tag{4.46 b}$$

$$\delta p_x = -\varepsilon \frac{\partial G}{\partial x} = \varepsilon p_y \tag{4.46 c}$$

$$\delta p_y = -\varepsilon \frac{\partial G}{\partial y} = -\varepsilon p_x \tag{4.46 d}$$

となり,(4.44) が再現される.(4.45) は,紙面に直角な上向きの軸のまわりの角運動量 (の符号を変えたもの) である.このように無限小回転の母関数は,角運動量である.

次に3次元空間の回転を考えよう.

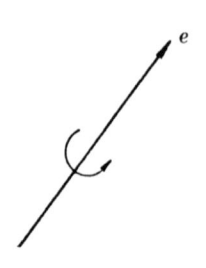

図 4.3

3次元空間の中の単位ベクトル e のまわりに,無限小角 ε だけ回転した座標系をダッシュで区別すると,両座標系における粒子の位置ベクトルは,

$$x' = x + \varepsilon x \times e \tag{4.47}$$

なる関係にある*.したがって,

$$\delta x = \varepsilon x \times e \tag{4.48a}$$

$$\delta p = \varepsilon m \dot{x} \times e = \varepsilon p \times e \tag{4.48b}$$

が得られる.これが e のまわりに角 ε だけ回転した座標系での変数と,古い回転以前の座標系での変数との差である.

ここで,簡単に回転といったが,e の方向を指定するのに,2つのパラメーターが必要であるから,回転角 ε とともに,都合3つのパラメーターを与えないと回転が指定できない.それに従って,3次元の回転には,3つの母関数が必要となる.それらをそれぞれ G_x, G_y, G_z と記すとしよう.これをベクトルのように扱って G と書き,

$$\varepsilon G = \varepsilon \boldsymbol{G} \cdot \boldsymbol{e} \tag{4.49}$$

とすると,

$$\boldsymbol{G} = \boldsymbol{p} \times \boldsymbol{x} \tag{4.50}$$

ととったとき (4.48) が再現される.たとえば,

$$\delta x = \varepsilon \frac{\partial G}{\partial p_x} = \varepsilon \frac{\partial}{\partial p_x}(\boldsymbol{p} \times \boldsymbol{x} \cdot \boldsymbol{e}) = \varepsilon \frac{\partial}{\partial p_x}(\boldsymbol{x} \times \boldsymbol{e} \cdot \boldsymbol{p}) = \varepsilon (\boldsymbol{x} \times \boldsymbol{e})_x \tag{4.51}$$

全く同様にして (4.48) の他の式も出てくるわけである.(4.50) は,まさに,粒子の角運動量(の符号を変えたもの)であり,(4.49) は角運動量の $-e$ 方向の成分である.こうして無限小回転の母関数は,回転の軸のまわりの角運動量(の符号を変えたもの)であるということができる.

例5――時間推進

今まで正準変換を議論するとき,あらわには書かなかったが,式 (4.9) や (4.33) ではいつでも同時刻における変数の組 $q_i(t)$ と $Q_i(t)$ を比較してきた.時間の推進を含むような変換を問題にするときには,この点に注意しなければ

---

* $e = (0, 0, 1)$ とすると,(4.43) に一致することを確かめよ.

ならない．

いま，時刻 t の正準変数を $q_i(t)$ と $p_i(t)$ で表す．このとき，時刻が ε（無限小）だけずれた座標系においては，それらがそれぞれ $Q_i(t')$，$P_i(t')$ であるとすると，

$$Q_i(t') = q_i(t) \qquad (4.52\,\text{a})$$

$$P_i(t') = p_i(t) \qquad (4.52\,\text{b})$$

が成り立つ*．ただし，新しい座標系での時刻は，

$$t' = t + \varepsilon \qquad (4.53)$$

とした．

式 (4.52) から，2次の無限小を省略すると，

$$\begin{aligned} Q_i(t') &= Q_i(t+\varepsilon) \\ &= Q_i(t) + \varepsilon \dot{Q}_i(t) \end{aligned} \qquad (4.54\,\text{a})$$

同様に，

$$P_i(t') = P_i(t) + \varepsilon \dot{P}_i(t) \qquad (4.54\,\text{b})$$

したがって，正準運動方程式により，

$$Q_i(t) - q_i(t) = -\varepsilon \dot{q}_i(t) = -\varepsilon \frac{\partial H(q\,;\,p)}{\partial p_i(t)} \qquad (4.55\,\text{a})$$

$$P_i(t) - p_i(t) = -\varepsilon \dot{p}_i(t) = \varepsilon \frac{\partial H(q\,;\,p)}{\partial q_i(t)} \qquad (4.55\,\text{b})$$

となる．したがって，$(q_i(t),\ p_i(t))$ から，$(Q_i(t),\ P_i(t))$ への変換は，Hamiltonian を母関数とする正準変換である．

演習問題 4

1. (4.9) のかわりに，時間をなまに含んだ関係

$$q_i = q_i(Q_1, \cdots, Q_f, P_1, \cdots, P_f, t)$$
$$p_i = p_i(Q_1, \cdots, Q_f, P_1, \cdots, P_f, t)$$

---

* これは，q_i や p_i が時間推進に対して，スカラーであるということ．

を考えると，それに対して(4.13)式は，どのように変わるか．

2. 2次元平面上の直交座標 (x, y) と極座標 (r, ϕ) の間の変換は，正準変換である．そのときの変換の母関数を求めよ．

3. 3次元空間での直交座標から球面座標への変換が正準変換であることを示し，変換の母関数を求めよ．

4. もし変数が全部独立でなく，条件
$$g(q_1, \cdots, q_f, p_1, \cdots, p_f) = 0$$
が課せられているとき，正準方程式はどうなるか(Lagrange の未定係数法を用いよ)．

5. 正準変換 $(q, p) \to (Q, P)$ は，関係
$$\frac{\partial q_i}{\partial Q_k} = \frac{\partial P_k}{\partial p_i}, \qquad \frac{\partial p_i}{\partial Q_k} = -\frac{\partial P_k}{\partial q_i}$$

$$\frac{\partial q_i}{\partial P_k} = -\frac{\partial Q_k}{\partial p_i}, \qquad \frac{\partial p_i}{\partial P_k} = \frac{\partial Q_k}{\partial q_i}$$

を満たすことを証明せよ．

6. 前問と逆に，正準方程式が変数によらず形を変えないのは，正準変換に限ることを証明せよ．

7. q_i に 1 次変換
$$q_i \to Q_i = \sum_j a_{ij} q_j$$
を施したとき，p_i にはどのような変換をすればそれが正準変換になるかを調べよ．ただし，
$$\det(a_{ij}) \neq 0$$
とする．

8. 母関数が，q_i と Q_i の 2 次形式
$$W = \frac{1}{2} \sum_{i,j} \{A_{ij} q_i q_j + 2 B_{ij} q_i Q_j + C_{ij} Q_i Q_j\}$$
で与えられているとき，(q, p) から (Q, P) への変換はどのような変換か．

5章　Poisson 括弧

5.1　はじめに

4章では正準変換の定義を述べたが，話はかなりややこしかった．要は，正準運動方程式が形を変えないような変換を正準変換といい，その条件は (4.11) であるということである．この章では，量子力学といちばん関係の深い Poisson の理論を勉強し，正準変換論を別の形に書いて，話を簡単かつ見とおしよくすることが目的である．したがって議論は抽象的にならざるをえない．

まず，Poisson 括弧というものを定義する．Poisson 括弧は，量子力学に移行する際いわゆる交換関係というものになるが，それは正準変換に対して不変であり，Poisson 括弧を不変に保つ変換は逆に，正準変換である．4章の W や W' を作ってみるよりも Poisson 括弧が不変であるか否かをみるほうが，実際には非常に簡単であることが多い．特に量子力学ではそうである．Poisson 括弧は，たいへん簡単な形式的な性質をもっており，これが Dirac によって量子化の規則へと発展させられた．

また，Poisson 括弧は，4章で述べた無限小変換とたいへん深い関係がある．この性質を利用すると，不変性と保存則が結びつくことになる．すなわち，物理法則がある変換(空間推進とか時間推進とか回転とか)に対して不変な

らば，それに付随して保存則が存在する．2章であげた2粒子系の例（p.43）のように物理系をある座標系で記述したときと，それから空間的にずれた系で記述したとき法則が全く変わらないなら，運動量が保存する．もっとくだけていうと，東京である物理法則が成り立ち，全く同じ法則がロンドンでも，どこでも真理ならば，運動量が保存する．同様にある物理法則が，今も，未来も全く同様に成り立つなら，エネルギーが保存する．このように不変性と保存則は深い関係があるが，この事実の一般的な証明は，Hamiltonian または Lagrangian が存在するときでないとできない．このことを，この章で Poisson 括弧を用いて証明しておく（p.115の注意3)参照）．

5.2 Poisson 括弧の定義

今，q_i と p_i の関数を2つ考えよう．それらを A, B とするとき，

$$A = A(q_1, \cdots, q_f \,;\, p_1, \cdots, p_f) \tag{5.1 a}$$

$$B = B(q_1, \cdots, q_f \,;\, p_1, \cdots, p_f) \tag{5.1 b}$$

であるとしよう．

A と B の Poisson 括弧 (bracket) を次の関係で定義する*．

$$[A, B]_c \equiv \sum_k \left(\frac{\partial A}{\partial q_k} \frac{\partial B}{\partial p_k} - \frac{\partial A}{\partial p_k} \frac{\partial B}{\partial q_k} \right) \tag{5.2}$$

ただし，ここで，p_i と q_i はすべて独立変数である．たとえば，

$$[p_i, p_j]_c = \sum_k \left(\frac{\partial p_i}{\partial q_k} \frac{\partial p_j}{\partial p_k} - \frac{\partial p_i}{\partial p_k} \frac{\partial p_j}{\partial q_k} \right) = 0 \tag{5.3 a}$$

$$[q_i, q_j]_c = \sum_k \left(\frac{\partial q_i}{\partial q_k} \frac{\partial q_j}{\partial p_k} - \frac{\partial q_i}{\partial p_k} \frac{\partial q_j}{\partial q_k} \right) = 0 \tag{5.3 b}$$

$$[p_i, q_j]_c = \sum_k \left(\frac{\partial p_i}{\partial q_k} \frac{\partial q_j}{\partial p_k} - \frac{\partial p_i}{\partial p_k} \frac{\partial q_j}{\partial q_k} \right)$$

---

* Poisson 括弧には $\{\,,\,\}$ や $[\,,\,]_P$ が用いられるが，$\{\,,\,\}$は量子力学では，反交換関係の意味に用いられるし，$[\,,\,]_P$ は運動量の P とまちがいやすいので，この本では classical という意味で $[\,,\,]_c$ を用いる．

$$= -\sum_k \delta_{ik}\delta_{jk} = -\delta_{ij} \tag{5.3 c}$$

である.

5.3 Poisson 括弧と正準変換

(5.2) では,Poisson 括弧を,1 組の正準変数 q_i,p_i の微分で定義したが,実はどのような正準変数の微分で定義してもよい.すなわち,(5.1) が与えられているとき,(4.9) の形の変換で結ばれている新しい正準変数 Q_i と P_i の微分で定義してもよい.すなわち,

$$[A, B]_c = \sum_k \left(\frac{\partial A}{\partial q_k} \frac{\partial B}{\partial p_k} - \frac{\partial A}{\partial p_k} \frac{\partial B}{\partial q_k} \right) \tag{5.4 a}$$

$$= \sum_k \left(\frac{\partial A}{\partial Q_k} \frac{\partial B}{\partial P_k} - \frac{\partial A}{\partial P_k} \frac{\partial B}{\partial Q_k} \right) \tag{5.4 b}$$

が成り立つ.このことを証明するには,正準変換の条件 (4.13) を用いればよいが,有限変換の場合には計算がかなりややこしくなるので,ここでは,(q, p) から (Q, P) への変換が,無限小の正準変換である場合のみを詳しく調べよう.これができれば,無限小変換の積み重ねで表されるような正準変換に対して証明をしたことになる.無限小の積み重ねで作れないような正準変換に対しては別に考えなければならない.それは自ら演習問題としてやってみてほしい (演習問題 4 を見よ).

証明は次のようにやる.変換 (4.9) に対して,

$$\frac{\partial}{\partial q_k} = \sum_l \left(\frac{\partial Q_l}{\partial q_k} \frac{\partial}{\partial Q_l} + \frac{\partial P_l}{\partial q_k} \frac{\partial}{\partial P_l} \right)$$

$$= \frac{\partial}{\partial Q_k} + \sum_l \left(\frac{\partial \delta q_l}{\partial q_k} \frac{\partial}{\partial Q_l} + \frac{\partial \delta p_l}{\partial q_k} \frac{\partial}{\partial P_l} \right)$$

$$= \frac{\partial}{\partial Q_k} + \varepsilon \sum_l \left(\frac{\partial^2 G}{\partial p_l \partial q_k} \frac{\partial}{\partial Q_l} - \frac{\partial^2 G}{\partial q_k \partial q_l} \frac{\partial}{\partial P_l} \right) \tag{5.5}$$

が成り立つことに注意しよう.ただし,(4.32) (4.33) (4.34) によって,

$$Q_l \equiv q_l + \delta q_l = q_l + \varepsilon \frac{\partial G}{\partial p_l} \tag{5.6a}$$

$$P_l \equiv p_l + \delta p_l = p_l - \varepsilon \frac{\partial G}{\partial q_l} \tag{5.6b}$$

なる関係を用いた．全く同様に，

$$\frac{\partial}{\partial p_k} = \frac{\partial}{\partial P_k} + \varepsilon \sum_l \left(\frac{\partial^2 G}{\partial p_k \partial p_l} \frac{\partial}{\partial Q_l} - \frac{\partial^2 G}{\partial p_k \partial q_l} \frac{\partial}{\partial P_l} \right) \tag{5.7}$$

も成り立つ．したがって，ε の1次までを考慮すると，

$$\sum_k \left(\frac{\partial A}{\partial q_k} \frac{\partial B}{\partial p_k} - \frac{\partial A}{\partial p_k} \frac{\partial B}{\partial q_k} \right)$$

$$= \sum_k \left(\frac{\partial A}{\partial Q_k} \frac{\partial B}{\partial P_k} - \frac{\partial A}{\partial P_k} \frac{\partial B}{\partial Q_k} \right)$$

$$+ \varepsilon \sum_{k,l} \left(\frac{\partial A}{\partial Q_k} \frac{\partial^2 G}{\partial p_k \partial p_l} \frac{\partial B}{\partial Q_l} - \frac{\partial A}{\partial Q_k} \frac{\partial^2 G}{\partial p_k \partial q_l} \frac{\partial B}{\partial P_l} \right)$$

$$+ \varepsilon \sum_{k,l} \left(\frac{\partial^2 G}{\partial p_l \partial q_k} \frac{\partial A}{\partial Q_l} \frac{\partial B}{\partial P_k} - \frac{\partial^2 G}{\partial q_k \partial q_l} \frac{\partial A}{\partial P_l} \frac{\partial B}{\partial P_k} \right)$$

$$- \varepsilon \sum_{k,l} \left(\frac{\partial A}{\partial P_k} \frac{\partial^2 G}{\partial p_l \partial q_k} \frac{\partial B}{\partial Q_l} - \frac{\partial A}{\partial P_k} \frac{\partial^2 G}{\partial q_k \partial q_l} \frac{\partial B}{\partial P_l} \right)$$

$$- \varepsilon \sum_{k,l} \left(\frac{\partial^2 G}{\partial p_k \partial p_l} \frac{\partial A}{\partial Q_l} \frac{\partial B}{\partial Q_k} - \frac{\partial^2 G}{\partial p_k \partial q_l} \frac{\partial A}{\partial P_l} \frac{\partial B}{\partial Q_k} \right) \tag{5.8}$$

となる．これをよくながめてみると，ε のかかった項はすべて互いに消し合うことがわかる．たとえば，ε のかかった第1項は，第7項と消し合う[*]．ε のかかった項はすべて消し合うので，(5.4a) と (5.4b) は同一であるということになる．したがって Poisson 括弧 (5.2) は，どのような正準変数を用いて定義しておいてもよい．

例1

1章の例 (p.29) で具体的に上述のことを試してみよう．今，p_x と x の

---

[*] k と l については和がとってあるので，第7項で k と l を交換してもよい．

Poisson 括弧を，小さい文字の変数で定義すると，

$$[p_x, x]_c = \frac{\partial p_x}{\partial x}\frac{\partial x}{\partial p_x} - \frac{\partial p_x}{\partial p_x}\frac{\partial x}{\partial x}$$

$$+ \frac{\partial p_x}{\partial y}\frac{\partial x}{\partial p_y} - \frac{\partial p_x}{\partial p_y}\frac{\partial x}{\partial y}$$

$$+ \frac{\partial p_x}{\partial z}\frac{\partial x}{\partial p_z} - \frac{\partial p_x}{\partial p_z}\frac{\partial x}{\partial z} = -1 \tag{5.9}$$

となる．一方，大文字の変数で定義すると，

$$[p_x, x]_c = \frac{\partial p_x}{\partial X}\frac{\partial x}{\partial P_x} - \frac{\partial p_x}{\partial P_x}\frac{\partial x}{\partial X}$$

$$+ \frac{\partial p_x}{\partial Y}\frac{\partial x}{\partial P_y} - \frac{\partial p_x}{\partial P_y}\frac{\partial x}{\partial Y}$$

$$+ \frac{\partial p_x}{\partial Z}\frac{\partial x}{\partial P_z} - \frac{\partial p_x}{\partial P_z}\frac{\partial x}{\partial Z}$$

$$= -(\alpha^2 + \beta^2) = -1 \tag{5.10}$$

となり (5.9) と同一の結果を得る．ただし，ここで (1.40) および (1.39) を用いた*.

5.4 Poisson 括弧の不変変換に対する正準性

逆に，(5.3) の 3 式を不変にする変換は，正準変換であることを次のようにして証明することができる．(5.3) が，新しい変数についても成り立つとしよう．すなわち，

$$\sum_k \left(\frac{\partial p_i}{\partial Q_k}\frac{\partial p_j}{\partial P_k} - \frac{\partial p_i}{\partial P_k}\frac{\partial p_j}{\partial Q_k} \right) = 0 \tag{5.11 a}$$

$$\sum_k \left(\frac{\partial q_i}{\partial Q_k}\frac{\partial q_j}{\partial P_k} - \frac{\partial q_i}{\partial P_k}\frac{\partial q_j}{\partial Q_k} \right) = 0 \tag{5.11 b}$$

---

* $\alpha^2 + \beta^2 = 1$ という関係がなかったら，(1.38) は正準変換ではないことに注意．

$$\sum_k \left(\frac{\partial p_i}{\partial Q_k} \frac{\partial q_j}{\partial P_k} - \frac{\partial p_i}{\partial P_k} \frac{\partial q_j}{\partial Q_k} \right) = -\delta_{ij} \tag{5.11 c}$$

が成り立つとしよう．この場合，(Q_i, P_i) はまだ正準変数であるかいなかわからない．しかし以下に見るように，(5.11) が成り立つのは $(q_i, p_i) \to (Q_i, P_i)$ が正準変換のときに限られる．再び，無限小変換のときに話を限ると，

$$Q_k = q_k + \delta q_k \tag{5.12 a}$$
$$P_k = p_k + \delta p_k \tag{5.12 b}$$

に対して，

$$\frac{\partial}{\partial Q_k} = \sum_l \left(\frac{\partial q_l}{\partial Q_k} \frac{\partial}{\partial q_l} + \frac{\partial p_l}{\partial Q_k} \frac{\partial}{\partial p_l} \right)$$

$$= \frac{\partial}{\partial q_k} - \sum_l \left(\frac{\partial \delta q_l}{\partial q_k} \frac{\partial}{\partial q_l} + \frac{\partial \delta p_l}{\partial q_k} \frac{\partial}{\partial p_l} \right) \tag{5.13 a}$$

$$\frac{\partial}{\partial P_k} = \frac{\partial}{\partial p_k} - \sum_l \left(\frac{\partial \delta q_l}{\partial p_k} \frac{\partial}{\partial q_l} + \frac{\partial \delta p_l}{\partial p_k} \frac{\partial}{\partial p_l} \right) \tag{5.13 b}$$

であるから，これらを (5.11) に代入すると，1次の無限小までで，

$$-\frac{\partial \delta p_i}{\partial q_j} + \frac{\partial \delta p_j}{\partial q_i} = 0 \tag{5.14 a}$$

$$-\frac{\partial \delta q_j}{\partial p_i} + \frac{\partial \delta q_i}{\partial p_j} = 0 \tag{5.14 b}$$

$$\frac{\partial \delta p_i}{\partial p_j} + \frac{\partial \delta q_j}{\partial q_i} = 0 \tag{5.14 c}$$

が成り立たなければならない．(5.14 a) は"ベクトル場"δp_i が渦なしであること，すなわち q と p の関数 $U(q, p)$ を用いて，

$$\delta p_i = \varepsilon \frac{\partial U(q, p)}{\partial q_i} \tag{5.15 a}$$

で表されることを示している*．同様に，(5.14 b) から，

$$\delta q_i = \varepsilon \frac{\partial U'(q, p)}{\partial p_i} \tag{5.15 b}$$

---

* この証明が気になる読者は，ベクトル解析の本を参照されたい．

で表されなければならない.そこで,(5.15) の 2 式を (5.14 c) に代入すると,

$$\frac{\partial^2}{\partial q_i \partial p_j}\{U(q,p)+U'(q,p)\}=0 \tag{5.16}$$

したがって,

$$U(q,p)+U'(q,p)=A(p)+B(q)+C \tag{5.17}$$

となる.ただし,C は q や p によらない定数である.そこで,

$$G(q;p)\equiv U'(q,p)-B(q) \tag{5.18}$$

とおくと,(5.15 b),(5.15 a) はそれぞれ,

$$\delta q_i = \varepsilon\frac{\partial G(q;p)}{\partial p_i} \tag{5.19 a}$$

$$\delta p_i = -\varepsilon\frac{\partial G(q;p)}{\partial q_i} \tag{5.19 b}$$

となる.これはまさに無限小正準変換の式 (4.34) にほかならない.すなわち (5.11) が成り立つのは,Q_i, P_i が正準変数のときに限られる.

注 意

ここで証明したことは,(5.3) の 3 つの関係を不変に保つような変数変換,つまり (5.11) が成り立つのは,正準変換に限られるということである.したがって (4.9) の形の変数変換が与えられているとき,それが (5.11) を満たすかいなかを調べると,直ちに (4.9) が正準変換であることがわかる.(4.11) によって W を実際に作ってみるか,それとも (4.13) のような形に書けるかいなかを調べて変数変換が正準変換であることを確かめてもよいが,通常は Poisson 括弧の不変性を調べるほうが簡単である.特に量子力学では,ほとんどの場合 Poisson 括弧にたよっている.

また,上述の証明は,無限小変換についてのみ行ったが,有限の変換でも全く同じことが成り立つ.すなわち,Poisson 括弧 (5.3) を不変にする変換は正準変換であり,その逆も正しい.

5.5 Poisson 括弧の性質

次に Poisson 括弧の性質のうちで，特に量子力学への移行の際に重要な性質を並べておく．証明はすべてやさしいから自ら試みられたい．

1) $[A, B]_c = -[B, A]_c$ (5.20)

したがって，

$$[A, A]_c = 0 \quad (5.21)$$

2) α, β が任意の定数であるとき，

$$[A, \alpha B + \beta C]_c = \alpha [A, B]_c + \beta [A, C]_c \quad (5.22)$$

3) Jacobi の恒等式

$$[A, [B, C]_c]_c + [B, [C, A]_c]_c + [C, [A, B]_c]_c = 0 \quad (5.23)$$

4) $\dfrac{d}{dt}[A, B]_c = \left[\dfrac{dA}{dt}, B\right]_c + \left[A, \dfrac{dB}{dt}\right]_c$ (5.24)

5) $a_1, a_2, \cdots, a_m$ が q_i, p_i の関数で，さらに A が $a_1, a_2, \cdots, a_m$ の関数であるとき，

$$[A, B]_c = \sum_{k=1}^{m} \dfrac{\partial A}{\partial a_k} [a_k, B]_c \quad (5.25)$$

5.6 正準方程式

正準方程式 (3.9) では 2 つの式の符号が異なっていて，q_i と p_i に対して対称になっていない．これを q_i と p_i の間の**相反性** (reciprocity) とよぶことがある．Poisson 括弧を用いて正準方程式を書き直すと，少なくとも表面上では，正準方程式の 2 つの方程式を同符号にすることができる．また量子力学では，Poisson 括弧を用いて書いた正準運動方程式を用いることが多い．

まず，正準変数 q_i と p_i の任意の関数 F を考えよう*．その時間微分は，

$$\dfrac{dF}{dt} = \sum_i \left(\dfrac{\partial F}{\partial q_i} \dot{q}_i + \dfrac{\partial F}{\partial p_i} \dot{p}_i \right) \quad (5.26)$$

---

* F は時間をあらわに含まないとする．

である.これに正準方程式を用いると,

$$\frac{dF}{dt} = \sum_i \left(\frac{\partial F}{\partial q_i} \frac{\partial H}{\partial p_i} - \frac{\partial F}{\partial p_i} \frac{\partial H}{\partial q_i} \right) = [F, H]_c \tag{5.27}$$

となる.これが,任意の関数 F の時間微分で,F と H の Poisson 括弧に等しい.

特別の場合として $F = q_i$, $F = p_i$ を考えると,

$$\dot{q}_i = [q_i, H]_c \tag{5.28 a}$$

$$\dot{p}_i = [p_i, H]_c \tag{5.28 b}$$

が得られる.これらは正準方程式と全く同じ内容のもので,事実 (5.25) を用いると,正準方程式 (3.9) に戻る.したがって,(5.28) を正準方程式ということもある.(5.28) が (3.9) に戻ることをみるには,(5.25) を用いて,

$$\dot{q}_i = \sum_{k=1}^{f} [q_i, q_k]_c \frac{\partial H}{\partial q_k} + \sum_{k=1}^{f} [q_i, p_k]_c \frac{\partial H}{\partial p_k}$$

$$= \sum_k \delta_{ik} \frac{\partial H}{\partial p_k} = \frac{\partial H}{\partial p_i} \tag{5.29 a}$$

$$\dot{p}_i = \sum_{k=1}^{f} [p_i, q_k]_c \frac{\partial H}{\partial q_k} + \sum_{k=1}^{f} [p_i, p_k]_c \frac{\partial H}{\partial p_k}$$

$$= -\sum_k \delta_{ik} \frac{\partial H}{\partial q_k} = -\frac{\partial H}{\partial q_i} \tag{5.29 b}$$

となる.ただし (5.3) の関係を用いた.

注 意

(5.27) は,量子力学において最も基本的な関係である Heisenberg の運動方程式に対応するものである.左辺は物理量 F の時間的変化(周期系では,これが角振動数)であり,右辺はエネルギー H に関係したものであり,これら両者が等しいということから,有名な Einstein-de Broglie の関係式

$$\hbar \nu = E$$

が得られることになる(ν は波の角振動数,E は粒子のエネルギー,$\hbar$ は Planck の定数 h を 2π で割ったもの).

5.7 Poisson 括弧と無限小変換

Poisson 括弧は前に考えた無限小変換を表すのに特に便利である．q_i と p_i の関数を簡単に $F(q,p)$ と書こう．その q_i と p_i のところに，それらと無限小だけ異なる正準変数*

$$Q_i = q_i + \delta q_i \tag{5.30 a}$$

$$P_i = p_i + \delta p_i \tag{5.30 b}$$

を代入したものを $F(Q,P)$ と書くと，1次の無限小までで，

$$F(Q,P) = F(q+\delta q,\ p+\delta p)$$

$$= F(q,p) + \sum_i \left(\frac{\partial F}{\partial q_i} \delta q_i + \frac{\partial F}{\partial p_i} \delta p_i \right)$$

$$= F(q,p) + \varepsilon \sum_i \left(\frac{\partial F}{\partial q_i} \frac{\partial G}{\partial p_i} - \frac{\partial F}{\partial p_i} \frac{\partial G}{\partial q_i} \right)$$

$$= F(q,p) + \varepsilon [F,G]_c \tag{5.31}$$

となる．ただし，G は無限小変換の母関数で，(4.34) を満たすものである．この式は，F の無限小の変化が，F と変換の母関数 G との Poisson 括弧で表されることを示している．ただし，正準運動方程式はまだ用いていないから，(5.31) は正準運動方程式に無関係に成り立つ単なる恒等式である．F としてそれぞれ $F=q_i$, $F=p_i$ をとると，

$$\delta q_i = \varepsilon [q_i, G]_c \tag{5.32 a}$$

$$\delta p_i = \varepsilon [p_i, G]_c \tag{5.32 b}$$

となる．これらは，(4.34) と全く同じものである．例によって，(5.25) を用いると，事実(5.32) は，(4.34) に戻る．F として特に，Hamiltonian をとると，

$$H(Q\,;P) - H(q\,;p) = \varepsilon [H,G]_c \tag{5.33}$$

---

* この変換は，時間をあらわに含まないとする．

が成り立つ*．これは，無限小変換が，Hamiltonian に及ぼす変化を表す恒等式である．正準方程式はまだ用いていない．正準方程式を用いて得られた関係 (5.27) と (5.33) を組み合わせると，

$$H(Q;P)-H(q;p)=\varepsilon[H,G]_c=-\varepsilon\frac{dG}{dt} \tag{5.34}$$

が得られる．したがって，次のような重要な結論が得られる．<u>もし，G で生成される無限小変換が，Hamiltonian を変えないならば，(5.34) の左辺は 0，したがって母関数 G は時間によらない</u>．これが，Hamiltonian のある変換に対する不変性と母関数の保存則を結びつける定理である．

例2 ── 2粒子系

2章の例2 (p.43) であげた例題を再び考えてみよう．この場合の Hamiltonian は，

$$H=\frac{1}{2m_1}\boldsymbol{p}_1^2+\frac{1}{2m_2}\boldsymbol{p}_2^2+V(|\boldsymbol{x}_1-\boldsymbol{x}_2|) \tag{5.35}$$

である．これは，無限小変換**

$$\boldsymbol{x}_1 \to \boldsymbol{x}_1' = \boldsymbol{x}_1 + \boldsymbol{\varepsilon} \tag{5.36 a}$$

$$\boldsymbol{x}_2 \to \boldsymbol{x}_2' = \boldsymbol{x}_2 + \boldsymbol{\varepsilon} \tag{5.36 b}$$

$$\boldsymbol{p}_1 \to \boldsymbol{p}_1' = \boldsymbol{p}_1 \tag{5.36 c}$$

$$\boldsymbol{p}_2 \to \boldsymbol{p}_2' = \boldsymbol{p}_2 \tag{5.36 d}$$

に対して，明らかに不変である．この場合変換 (5.36) の母関数は，4章例4(p.73)で論じたような全運動量であるから，(5.34) によって全運動量が保存する．Hamiltonian が (5.36) に対して不変であったのは，(5.35) の中のポテンシャルが $\boldsymbol{x}_1$ と $\boldsymbol{x}_2$ の差の関数であったためで，もしそうでなかったら全運動量は保存しない．

---

* $H(Q;P)$ は $H(q;p)$ の q と p のところにそれぞれ Q と P を代入したもの．
** ここでは，変換された量に大文字を用いるかわりにダッシュをつける．これが正準変換であることを，Poisson 括弧の不変性を用いて試してみよ．

例3 —— 中心力場の中の粒子

3章例2 (p.55) の場合，Hamiltonian は r-θ-ϕ 座標では (3.19) で，また x-y-z 座標では (3.16) で与えられる．(3.16) の各項を見ればわかるように，それらはすべてスカラーであり，空間のいかなる軸のまわりの回転に対しても値を変えない．したがって，すべての軸のまわりの回転の母関数が保存する．4章例4 (p.73) で見たとおり，回転の母関数は角運動量である．したがってこの系では，角運動量が保存する．このように，Hamiltonian の対称性*を見ると，直ちに保存則が得られる．

演習問題5

1. 粒子の角運動量の3成分はそれぞれ，
$$l_x = yp_z - zp_y$$
$$l_y = zp_x - xp_z$$
$$l_z = xp_y - yp_x$$
で与えられる．Poisson の括弧式
$$[l_x, l_y]_c, \ [l_y, l_z]_c, \ [l_z, l_x]_c$$
を求めよ．

2. 調和振動子の Hamiltonian
$$H = \frac{1}{2}(p^2 + q^2)$$
をとり，Poisson 括弧の性質のみを用いて運動方程式を導け．

3. 無限小変換に移れない正準変換の一例をあげ，その変換に対して Poisson 括弧が不変であることを確かめよ．

4. Poisson 括弧 (5.3) が正準変換に対して不変であること，また，その逆を一般的に(無限小変換を用いないで)証明せよ．

---

* ある変換に対してどのように変わるかということ．

5. 3つのマトリックス

$$l_1 = \frac{1}{2}\begin{pmatrix} 0 & 1 \\ 1 & 0 \end{pmatrix}, \quad l_2 = \frac{1}{2}\begin{pmatrix} 0 & -i \\ i & 0 \end{pmatrix}, \quad l_3 = \frac{1}{2}\begin{pmatrix} 1 & 0 \\ 0 & -1 \end{pmatrix}$$

が，次の交換関係を満たすことを確かめよ．

$$[l_1, l_2] = il_3, \quad [l_2, l_3] = il_1, \quad [l_3, l_1] = il_2$$

ただし，$[A, B] \equiv AB - BA$ とする．これらの交換関係と問題 1 の Poisson 括弧とを比較せよ．

6. 2つの無限次元のマトリックス

$$X = \frac{1}{\sqrt{2}} \begin{bmatrix} 0 & \sqrt{1} & 0 & 0 & 0 & \cdots \\ \sqrt{1} & 0 & \sqrt{2} & 0 & 0 & \cdots \\ 0 & \sqrt{2} & 0 & \sqrt{3} & 0 & \cdots \\ 0 & 0 & \sqrt{3} & 0 & \sqrt{4} & \cdots \\ \cdots\cdots\cdots & & & & & \end{bmatrix}$$

$$P = \frac{1}{i} \frac{1}{\sqrt{2}} \begin{bmatrix} 0 & \sqrt{1} & 0 & 0 & 0 & \cdots \\ -\sqrt{1} & 0 & \sqrt{2} & 0 & 0 & \cdots \\ 0 & -\sqrt{2} & 0 & \sqrt{3} & 0 & \cdots \\ 0 & 0 & -\sqrt{3} & 0 & \sqrt{4} & \cdots \\ \cdots\cdots\cdots & & & & & \end{bmatrix}$$

について，交換関係

$$[P, X] = PX - XP$$

を計算し，古典的な運動量 P と位置 X の Poisson 括弧 $[P, X]_c$ と比較せよ．

6章　位相空間

6.1　はじめに

　Newton の立場では，通常，空間座標からなる 3 次元の空間を想定してその 3 次元空間の中を，粒子がどのように動くかを調べる．粒子が 2 個あっても 3 個あっても，想定する空間は 3 次元であり，その中を 2 個とか 3 個とかの粒子が力学の法則に従って動きまわる．一方，Lagrange の立場では，自由度 f の系では，一般化座標 $q_1,\cdots,q_f$ によって張られる f 次元の空間を想定したほうが便利である．したがってたとえば 2 粒子系を扱うのに，3 次元の空間中を 2 つの点が動きまわると考えるよりも，6 次元空間の中を 1 つの点が動きまわると考えたほうが便利なことがある．たとえば図 6.1 では，1 次元空間で 2 個の粒子が衝突するところを，2 次元空間中の 1 点で表したものである．粒子 2 は原点から，点 A に静止している粒子 1 に近づき，それに衝突して（点 B がそれ）その後，2 粒子とも同方向に動き出したときの軌道が線 ABC である．Hamilton の立場では，座標と運動量の混ざったような変換を考えるので，Lagrange のときのように，座標だけで張られる空間を考えるのは不便である．むしろ，座標と運動量をいっしょにした $2f$ 次元の空間を考えるほうが便利なことが多い．物理系は，この $2f$ 次元空間の中の 1 点で記述される．$2f$ 次元空間の中に 1 点を与えるということは，そのときの座標と運動量を与えてや

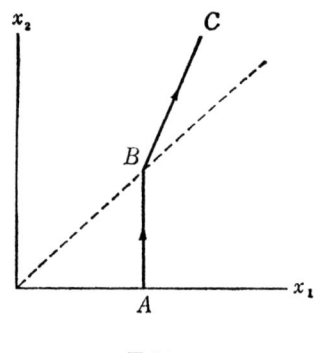

図 6.1

ることと同じである．$2f$ 次元などは直観的にはわかりにくくなるが，数学的にはかえって扱いやすくなる．力学系の運動は，この $2f$ 次元空間の中を点がどのように動きまわるかという問題になる．

このように，一般化座標と一般化運動量によって張られる $2f$ 次元空間を考えることは，力学系全体を一目瞭然のもとにながめる立場であって，正準変換論と結びついてなかなか興味ある問題を提供する．特に，多くの粒子を扱う統計力学の立場では，なくてはならない重要な概念である．Dirac の量子力学の教科書でも，この考え方が少し使ってあるので，ここでは，この $2f$ 次元空間の性質を簡単に議論しておこう．

6.2 位相空間

正準形式の理論では q_i と p_i は独立であり，かつ q_i と p_i を混ぜるような変数変換を考えるので，q_i と p_i で張られる $2f$ 次元の空間を考えると便利なことが多い．これを**位相空間**（phase space）という．位相空間の1点を与えるということは，q_i と p_i を与えるということであり，力学系がどのような状態にあるかを示し，その点の速度が正準方程式で与えられる．

例

たとえば，1次元調和振動子を考えよう．Hamiltonian は，(4.20) により

6.2 位相空間

で与えられるから，一定のエネルギー E の運動は，位相空間（この場合は2次元）では，原点を中心とする半径 $(2E)^{1/2}$ の円周上で起こる．位相空間における力学系を示す点を**代表点**（representative point），その運動の軌道を**trajectory**（トラジェクトリー）とよぶ．単位質量，単位角振動数の調和振動子の trajectory は，原点を中心とする円である．それを見るために，

$$H = \frac{1}{2}(p^2 + q^2) \tag{6.1}$$

$$q = \sqrt{2E}\cos\theta \tag{6.2 a}$$
$$p = \sqrt{2E}\sin\theta \tag{6.2 b}$$

とおいて，変数 θ を導入すると，正準方程式により，

$$\dot{q} = -\sqrt{2E}\,\dot{\theta}\sin\theta = -\dot{\theta}\,p = \frac{\partial H}{\partial p} = p \tag{6.3 a}$$

$$\dot{p} = \sqrt{2E}\,\dot{\theta}\cos\theta = \dot{\theta}\,q = -\frac{\partial H}{\partial q} = -q \tag{6.3 b}$$

したがって，

$$\dot{\theta} = -1 \tag{6.4}$$

すなわち，調和振動子の代表点は，半径 $(2E)^{1/2}$ の円周上を等速度で，時計の方向に回転する．そして，その角速度は，(6.4) により，エネルギー E に無関係である（これが調和振動子の特徴）．図 6.2 の円は，4 章例 2（p.67）で述べた Poincaré 変換を施すと，新しい変数 Q, P の位相空間では，Q-軸か

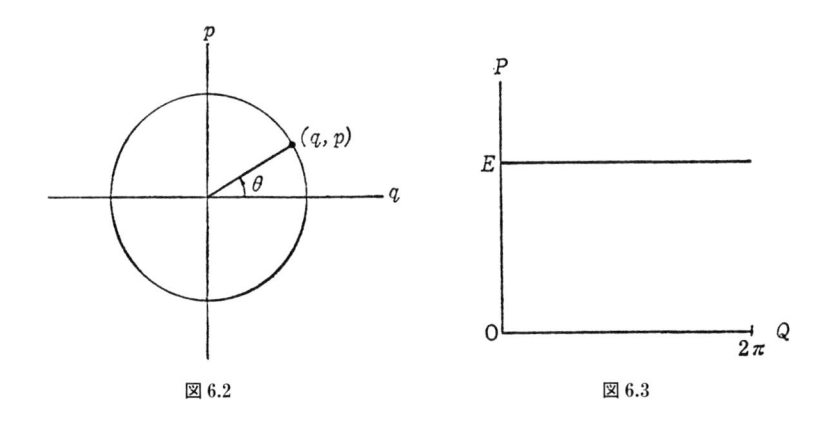

図 6.2

図 6.3

ら，E だけ離れた Q-軸に平行な水平線に移る（$0 \leq Q \leq 2\pi$ に注意）．系の運動は，その線上を左から右へ等速度で進む（(4.22 a)を見よ）．そしてその速度は E によらない．このように，位相空間内の trajectory は用いた変数によって全く形が異なってくる．しかし，Poisson 括弧が正準変換によって不変であったように，位相空間にも正準変換に対する不変性がある．そのことを，この例で確かめてみよう．

(4.19)によると，

$$\left. \begin{aligned} \frac{\partial q}{\partial Q} &= \sqrt{2P} \cos Q, & \frac{\partial q}{\partial P} &= \frac{1}{\sqrt{2P}} \sin Q \\ \frac{\partial p}{\partial Q} &= -\sqrt{2P} \sin Q, & \frac{\partial p}{\partial P} &= \frac{1}{\sqrt{2P}} \cos Q \end{aligned} \right\} \quad (6.5)$$

したがって，位相空間の面積要素 $dqdp$ と $dQdP$ とは*，

$$dqdp = \begin{vmatrix} \frac{\partial q}{\partial Q} & \frac{\partial q}{\partial P} \\ \frac{\partial p}{\partial Q} & \frac{\partial p}{\partial P} \end{vmatrix} dQdP = \begin{vmatrix} \sqrt{2P} \cos Q & \frac{1}{\sqrt{2P}} \sin Q \\ -\sqrt{2P} \sin Q & \frac{1}{\sqrt{2P}} \cos Q \end{vmatrix} dQdP$$

$$= dQdP \quad (6.6)$$

で結ばれる．すなわち q-p 平面の面積要素と，Q-P 平面の面積要素とは同じである．これは，正準変換に対して一般に成り立つことで，これが統計力学の基礎になることがらである．以下このことを一般的に証明しておく．

6.3 Liouville の定理

互いに正準変換で移れる 2 組の正準変数 (q_i, p_i) と (Q_i, P_i) で張られる 2 つの位相空間を考えよう．(q_i, p_i) 空間の体積要素と (Q_i, P_i) 空間での体積要素とは，

$$\prod_i dQ_i dP_i = \left| \frac{\partial(Q_1, \cdots, P_f)}{\partial(q_1, \cdots, p_f)} \right| \prod_i dq_i dp_i \quad (6.7)$$

で結ばれる*．ただし，右辺の

$$J \equiv \frac{\partial(Q_1, \cdots, P_f)}{\partial(q_1, \cdots, p_f)} \equiv \begin{vmatrix} \frac{\partial Q_1}{\partial q_1} & \cdots & \frac{\partial Q_1}{\partial p_f} \\ & \vdots & \\ \frac{\partial P_f}{\partial q_1} & \cdots & \frac{\partial P_f}{\partial p_f} \end{vmatrix} \quad (6.8)$$

は，Jacobianとよばれるものである．したがってわれわれは，Jacobianの絶対値が正準変換に対して常に1になることを確かめれば，<u>2つの位相空間の体積要素は，正準変換で変わらない</u>と結論することができる．これを以下，無限小正準変換に対して証明しよう．無限小正準変換に対しては，

$$\delta q_i \equiv Q_i - q_i = \varepsilon \frac{\partial G}{\partial p_i} \quad (6.9\,\text{a})$$

$$\delta p_i \equiv P_i - p_i = -\varepsilon \frac{\partial G}{\partial q_i} \quad (6.9\,\text{b})$$

であることを思い出すと，εに関して1次までで，

$$\begin{aligned} J &= 1 + \sum_i \left(\frac{\partial \delta q_i}{\partial q_i} + \frac{\partial \delta p_i}{\partial p_i} \right) \\ &= 1 + \varepsilon \sum_i \left(\frac{\partial^2 G}{\partial q_i \partial p_i} - \frac{\partial^2 G}{\partial p_i \partial q_i} \right) = 1 \end{aligned} \quad (6.10)$$

となる**．

---

* 寺沢寛一 (1954) を参照．
** (6.10) は簡単な場合についてやってみるとよい．たとえば3次元では，
$$X_i = x_i + \delta x_i \qquad i = 1, 2, 3$$
したがって，

$$J = \frac{\partial(X_1, X_2, X_3)}{\partial(x_1, x_2, x_3)} = \begin{vmatrix} \frac{\partial X_1}{\partial x_1} & \frac{\partial X_1}{\partial x_2} & \frac{\partial X_1}{\partial x_3} \\ \frac{\partial X_2}{\partial x_1} & \frac{\partial X_2}{\partial x_2} & \frac{\partial X_2}{\partial x_3} \\ \frac{\partial X_3}{\partial x_1} & \frac{\partial X_3}{\partial x_2} & \frac{\partial X_3}{\partial x_3} \end{vmatrix} = \begin{vmatrix} 1 + \frac{\partial \delta x_1}{\partial x_1} & \frac{\partial \delta x_1}{\partial x_2} & \frac{\partial \delta x_1}{\partial x_3} \\ \frac{\partial \delta x_2}{\partial x_1} & 1 + \frac{\partial \delta x_2}{\partial x_2} & \frac{\partial \delta x_2}{\partial x_3} \\ \frac{\partial \delta x_3}{\partial x_1} & \frac{\partial \delta x_3}{\partial x_2} & 1 + \frac{\partial \delta x_3}{\partial x_3} \end{vmatrix}$$

$$= 1 + \frac{\partial \delta x_1}{\partial x_1} + \frac{\partial \delta x_2}{\partial x_2} + \frac{\partial \delta x_3}{\partial x_3} + 2 \text{次の無限小}$$

となる．

したがって (6.7) によって，(q_i, p_i) 空間の体積要素と (Q_i, P_i) 空間の体積要素とは等しいことになる．これを **Liouville（リューヴィユ）の定理** という．

6.4 非圧縮性流体

4章例5 (p.75) で説明したように，正準形式の議論では運動は正準変換であるから，Liouville の定理により位相空間の体積要素は，時間によって変わらない．(4.53)～(4.55) を用いると，

$$J = 1 + \sum_i \left(\frac{\partial \delta q_i}{\partial q_i} + \frac{\partial \delta p_i}{\partial p_i} \right) = 1 + \varepsilon \sum_i \left(\frac{\partial \dot{q}_i}{\partial q_i} + \frac{\partial \dot{p}_i}{\partial p_i} \right)$$

$$= 1 + \varepsilon \sum_i \left(\frac{\partial^2 H}{\partial q_i \partial p_i} - \frac{\partial^2 H}{\partial p_i \partial q_i} \right) = 1 \tag{6.11}$$

となり，位相空間の体積要素は時間によらないことになる．

1つの力学系は，位相空間の1点で表されるが，今仮想的に，同じ力学系をたくさん考えて，1つの位相空間中でそれらを多くの点で表すことができる．このような考え方をすると，(q_i, p_i) を座標とする1つの"場"が考えられる．(6.11) をこの考え方から解釈すると，"速度場"$(\dot{q}_i, \dot{p}_i)$ について次のようなことがいえる．すなわち，$J=1$ ということは，

$$\sum_i \left(\frac{\partial \dot{q}_i}{\partial q_i} + \frac{\partial \dot{p}_i}{\partial p_i} \right) = 0 \tag{6.12}$$

いいかえると"速度場"$(\dot{q}_i, \dot{p}_i)$ の"発散"は0である．これは流体力学のことばを借りると，位相空間中の場は，非圧縮性の流体としてふるまうということができる*．

位相空間は，このほかにも，いろいろな不変の性質をもっている．たとえば周期系の場合，いわゆる **作用変数**

---

* ベクトル解析では，div $v=0$ ならば，v にあるベクトル A の回転として $v=$ curl A と表される．

$$J = \oint p\,dq \tag{6.13}$$

を作ると*，これは正準変換に対して不変である．ここで積分記号に○をつけたのは，エネルギーを一定にして周期系の1周期にわたって積分するという意味である．したがってこのとき，

$$H(q\,;p) = E \tag{6.14}$$

を p について解くと，p が E と q の関数として与えられる．一般に周期系では，エネルギー $E=$ 一定の曲線は，閉じた曲線（図 6.2）または有限の線分（図 6.3）になる．(6.13) は，その閉じた曲線で囲まれた部分の面積である（図 6.3 では，$E=$ 一定の線より下の部分の面積）．前期量子論では，作用変数 (6.13) がたいへん重要な役割を演じた．位相空間の理論や (6.13) の前期量子論における役割については，朝永振一郎 (1952) に詳しい．

演習問題 6

1. 周期系があるパラメーターを含んでいる場合，作用変数 (6.13) は，そのパラメーターに依存するであろう．もし，そのパラメーターを，考えている運動の周期よりはるかにゆっくりと変化させても，作用変数の値は変わらない．これを証明せよ．これを**断熱定理** (adiabatic theorem) といい，前期量子論で重要な役割を果たした．

2. Hamiltonian が，

$$H = \frac{1}{2}(p^2 - \omega_0^2 q^2) + \frac{\lambda^2}{4} q^4$$

で与えられる系の trajectory を描いて運動を論ぜよ．

3. 無限小変換に移れないような正準変換で，Liouville の定理を証明せよ．

---

* この J と Jacobian の J とは関係ない．

7章 Lagrangianの対称性と物理量の定義

7.1 はじめに

今まで，物理量たとえばエネルギー，運動量や角運動量などについて，あまり詳しく解説をしなかった．また，同一の運動方程式をEuler-Lagrangianの方程式として与えるLagrangianの多様性についても，詳しく考えなかった．最後の章でこれらのことを調べておこう*．解析力学の整然とした構造がこれによって確認されるからである．

まずはじめに，運動方程式が与えられたとき，それをEuler-Lagrangeの方程式として再現するLagrangianは唯一ではなくたくさんあるということを認めるために，2.3節の例3を思い出そう．この場合，2個のLagrangian L_1 と L_2 との差は，ある関数の全時間微分にはなっていない．にもかかわらず，L_1 と L_2 とはEuler-Lagrangeの方程式として，Newtonの方程式（この場合，外力は働いていない）を与える．どちらのLagrangianをどのような基準で採用すべきか．

次の節では，上の例のほかにLagrangianが唯一でない2,3の例を具体的に

---

* Lagrangianの多様性については，残念ながらあまり詳しく解説した書物が見つからない．この章の議論はあまりまとまってはいないが，著者の試論であるというべきだろう．

ながめてみる．この Lagrangian の多様性は何を意味するのだろうか．多様性があると，それだけ理論が不定になり，不都合なのではないか，このような疑問に答えるのが，7.3 節以降で議論する Noether の恒等式である．あとで詳しく考えるが，Noether の恒等式は，ある座標変換に対する Lagrangian の応答（つまり Lagrangian の対称性）と，座標変換に伴って定義される物理量（座標変換に伴って定義される変換の母関数といってもよい）を結びつける恒等式である．したがって，ある座標変換に対して 2 つの Lagrangian が異なった変換をするとすると，Noether の恒等式により，それに対応して 2 つの異なった物理量が定義されることになる．　今まであまり強調する機会がなかったが，たとえば式 (1.9) においては，Lagrangian を無造作に（運動エネルギー）マイナス（ポテンシャルエネルギー）と定義している．上の例（2 章例 3）の L_2 にはこれはあてはまらない．したがって L_2 は通常採用しない．Lagrangian 採用の基準についてはあとで考える．

7.2　Lagrangian の多様性

以後 Lagrangian の多様性といったら，2 つの Lagrangian から導かれた Euler-Lagrange の方程式は同一になるが，それら 2 つの差が単なる時間の全微分にはならないような Lagrangian について話していると了解されたい．このような多様性を示す例は，すでに 2 章例 3 (p.44) に出てきた（ただしその意味については深く議論しなかった）．

例 1 ── 2 個の調和振動子

次に，自由度を増やし 2 個の調和振動子（質量 1，角振動数 ω）q_1 と q_2 を考えてみる．Euler-Lagrange 方程式として，

$$\ddot{q}_1 + \omega^2 q_1 = 0 \tag{7.1a}$$

$$\ddot{q}_2 + \omega^2 q_2 = 0 \tag{7.1b}$$

を与える Lagrangian は，この場合いくつでも作ることができる．たとえば，

$$L_1 = \frac{1}{2}(\dot{q}_1{}^2 - \omega^2 q_1{}^2) + \frac{1}{2}(\dot{q}_2{}^2 - \omega^2 q_2{}^2) \tag{7.2a}$$

$$L_2 = \frac{1}{2}(\dot{q}_1{}^2 - \omega^2 q_1{}^2) - \frac{1}{2}(\dot{q}_2{}^2 - \omega^2 q_2{}^2) \tag{7.2 b}$$

$$L_3 = \dot{q}_1 \dot{q}_2 - \omega^2 q_1 q_2 \tag{7.2 c}$$

のうちどれを使っても，Euler-Lagrange の方程式として (7.1) が得られる*．この場合，なんとなく L_1 が正しく，L_2 と L_3 はまずいような気がするが，それはなぜだろうか．上の3つの Lagrangian を比べてみると，それらの対称性がすべて根本的に異なっていることに気がつく．たとえば振動子1と2を交換すると，L_1 と L_3 は変わらないが L_2 は符号が変わる．どちらの振動子を1とよび，どちらを2とよぶかは勝手で，1と2の交換で Lagrangian が符号を変えてしまうということは，物理的に不合理である．以下 L_2 は考えないことにする．

次に L_3 はどうか．これもやはりまずい．というのは，この物理系では振動子1も2も単独では存在しえないからである．変数 q_1 を0とおくと，L_3 は恒等的に0になってしまう．この理由によって L_3 も物理的ではない．

このようにして L_1 だけが一目瞭然の欠点をもたず，物理的に可能な Lagrangian として残る．L_1 について正準運動量を作ると，

$$p_1 = \frac{\partial L_1}{\partial \dot{q}_1} = \dot{q}_1 \tag{7.3 a}$$

$$p_2 = \frac{\partial L_1}{\partial \dot{q}_2} = \dot{q}_2 \tag{7.3 b}$$

したがって Hamiltonion は，

$$H_1 = p_1 \dot{q}_1 + p_2 \dot{q}_2 - L_1$$

$$= \frac{1}{2}(p_1{}^2 + \omega^2 q_1{}^2) + \frac{1}{2}(q_2{}^2 + \omega^2 q_2{}^2) \tag{7.4}$$

となり，時間的に保存する．振動子1と2が対称に出てきて，物理的（位相空間における取り扱いなど）に都合がよい．

ついでにちょっと触れておくと，Lagrangian L_1 は L_2, L_3 と異なり，q_1 と

---

* Euler-Lagrange 方程式を得るという基準だけなら，上の3個にかぎらず，このほかいくらでも異なった Lagrangian を作ることは可能である．

q_2 を混ぜる変換

$$q_1 \to Q_1 = q_1 \cos\alpha + q_2 \sin\alpha \tag{7.5a}$$

$$q_2 \to Q_2 = -q_1 \sin\alpha + q_2 \cos\alpha \tag{7.5b}$$

に対しても不変である．ただし，α とは時間によらないパラメーターである．直接の計算はここに示さないが，

$$L_1(Q_1, Q_2\,;\, \dot{Q}_1, \dot{Q}_2) = L_1(q_1, q_2\,;\, \dot{q}_1, \dot{q}_2) \tag{7.6}$$

が成り立つ．すぐわかるように，前に計算した Hamiltonian についても，

$$H_1(Q_1, Q_2\,;\, P_1, P_2) = H_1(q_1, q_2\,;\, p_1, p_2) \tag{7.7}$$

が成り立つ．ただし，(7.5) に加え，P_1, P_2 は，

$$P_1 = p_1 \cos\alpha + p_2 \sin\alpha \tag{7.8a}$$

$$P_2 = -p_1 \sin\alpha + p_2 \cos\alpha \tag{7.8b}$$

である．変換 (7.5)，(7.8) は正準変換である（自ら確かめよ．Poisson 括弧を調べるのが早道である）．

もし α を無限小とすると，正準変換 (7.5)，(7.8) は無限小正準変換となる．この無限小正準変換の母関数 G_1 を求めると，

$$G_1 = (p_1 q_2 - p_2 q_1) \tag{7.9}$$

となる．これが正準変換論における標準的な関係 (4.34)，(5.32) および (5.34) を満たすことは，一般論から明らかである．特に，

$$H_1(Q_1, Q_2\,;\, P_1, P_2) - H_1(q_1, q_2\,;\, p_1, p_2)$$

$$= \alpha [H_1, G_1]_c = -\alpha \frac{dG_1}{dt} \tag{7.10}$$

である．

前に確かめた (7.7) によると，この式の左辺は 0，つまり Hamiltonian (7.4) は，正準変換 (7.5)，(7.8) に対して不変である．したがって (7.10) の右辺は 0 である．すなわち，この無限小正準変換の母関数 (7.9) は，保存量である．

例2── 互いにポテンシャルで相互作用している2粒子の系

話を簡単にするために，再び1次元空間を考える．粒子1は質量 m_1，粒子2は質量 m_2 をもつとする．2粒子の間には，それらの距離だけに依存するポテ

ンシャル $V=V(|x_1-x_2|)$ が働いているとすると，Newton の運動方程式は，

$$m_1 \frac{d^2 x_1}{dt^2} = -\frac{\partial}{\partial x_1} V \tag{7.11 a}$$

$$m_2 \frac{d^2 x_2}{dt^2} = -\frac{\partial}{\partial x_2} V \tag{7.11 b}$$

である．式 (7.11) を Euler-Lagrange の方程式として与える最も素直な Lagrangian は，

$$L_1 = \frac{1}{2} m_1 \dot{x}_1^2 + \frac{1}{2} m_2 \dot{x}_2^2 - V(|x_1-x_2|) \tag{7.12}$$

である．まず Euler-Lagrange の式を計算して，(7.11) が得られることを確かめておいてほしい．

そこで，標準的方法で正準形式に移ってみる．正準運動量は，

$$p_i \equiv \frac{\partial L_1}{\partial \dot{x}_i} = m_i \dot{x}_i \quad (i=1, 2) \tag{7.13}$$

したがって Hamiltonian は，

$$H_1(x_i ; p_i) = m_1 \dot{x}_1^2 + m_2 \dot{x}_2^2 - L_1$$

$$= \frac{1}{2m_1} p_1^2 + \frac{1}{2m_2} p_2^2 + V(|x_1-x_2|) \tag{7.14}$$

である．素直な通常の2粒子系の Hamiltonian である．Lagrangian L_1 (7.12) や Hamiltonian (7.14) にはいまのところ特にめだった対称性は見えないが，粒子1と2が同等に扱われていることは確かである．

そこで，少々ひねくれた Lagrangian

$$L_2 = m_1 \dot{x}_1 \dot{x}_2 + \frac{1}{2}(m_2-m_1)\dot{x}_2^2 + \frac{m_1}{m_2} V(|x_1-x_2|) \tag{7.15}$$

を考えてみる．Euler-Lagrange の方程式は，

$$\frac{\partial L_2}{\partial x_1} - \frac{d}{dt}\frac{\partial L_2}{\partial \dot{x}_1} = \frac{m_1}{m_2}\frac{\partial V}{\partial x_1} - m_1 \ddot{x}_2$$

$$= \frac{m_1}{m_2}\left(-\frac{\partial V}{\partial x_2} - m_2 \ddot{x}_2\right) = 0 \tag{7.16 a}$$

$$\frac{\partial L_2}{\partial x_2} - \frac{d}{dt}\frac{\partial L_2}{\partial \dot{x}_2} = \frac{m_1}{m_2}\frac{\partial V}{\partial x_2} - m_1\ddot{x}_1 - (m_2 - m_1)\ddot{x}_2$$

$$= -\frac{m_2 - m_1}{m_2}\frac{\partial V}{\partial x_2} + \frac{\partial V}{\partial x_2} - m_1\ddot{x}_1 - \frac{(m_2 - m_1)}{m_2}\ddot{x}_2 m_2$$

$$= -\frac{m_2 - m_1}{m_2}\left(\frac{\partial V}{\partial x_2} + m_2\ddot{x}_2\right) - m_1\ddot{x}_1 - \frac{\partial V}{\partial x_1}$$
$$= 0 \tag{7.16 b}$$

この両式を使うと,はじめの運動方程式(7.11)が得られる.したがって,運動方程式という立場だけからは L_2 も排除できない.この場合,正準運動量は,

$$p_1 \equiv \frac{\partial L_2}{\partial \dot{x}_1} = m_1\dot{x}_2 \tag{7.17 a}$$

$$p_2 \equiv \frac{\partial L_2}{\partial \dot{x}_2} = m_1\dot{x}_1 + (m_2 - m_1)\dot{x}_2 \tag{7.17 b}$$

となる.これらは逆に解けて,$\dot{x}_1$ と $\dot{x}_2$ は正準運動量 p_1 と p_2 で表現できる.

Hamiltonian は定義により,

$$H_2 = \dot{x}_1 p_1 + \dot{x}_2 p_2 - L_2$$
$$= \frac{1}{2m_1{}^2}(m_2 - m_1)p_1{}^2 + \frac{1}{m_1}p_1 p_2 - \frac{m_1}{m_2}V \tag{7.18}$$

となる.粒子1と2はあいかわらず対等に扱われていない.運動方程式(7.11)の段階では,各粒子が対等に扱われているかどうか判定の基準はなく,Lagrangian または Hamiltonian までもってきて,はじめて粒子の対等性が見えることに特に注意されたい.いいかえると,運動方程式(7.1)(7.11)の段階では,力学系の各自由度がいかに運動するかということはわかるが,各自由度の相互関係すなわち物理系のもつ対称性は皆目わからないのである.力学はこのように,ただ運動方程式を与えられた初期値のもとに解くという数学の演習問題ではなく,扱っている物理系の各自由度の間に成り立つ対称性をだいじに取り扱っていかなければならない.運動方程式と対称性と両方の知識を含んでいるのが,Lagrangian であり Hamiltonian である.またこの対称性の知識が,物理量の定義(エネルギーをどう定義するか,系の荷電をどう定義する

か）に結びついている．Lagrangian の中に表現されている物理系の対称性と，物理量の定義を結びつけるのが，次節で説明する Noether の恒等式である．

7.3 物理量と Lagrangian の対称性

Hamilton 形式における対称性については Poisson 括弧に関連して p.82 以下で論じた．それによると，ある無限小変換を考えその母関数を G とするとき，Hamiltonian の対称性について (5.34)

$$H(Q_i(t)\,;\,P_i(t)) - H(q_i(t)\,;\,p_i(t))$$
$$= \varepsilon\,[H(q_i(t)\,;\,p_i(t)),\ G(q_i(t)\,;\,p_i(t))]_c \quad (7.19\,\mathrm{a})$$
$$= -\varepsilon\frac{d}{dt}G(q_i(t)\,;\,p_i(t)) \quad (7.19\,\mathrm{b})$$

という関係が成り立つ*．無限小変換の母関数 G は，たびたび例をあげたように，無限小変換と関連した物理量を与える．たとえば，p.71 の座標の無限小推進（運動量），p.73 の座標系の無限小回転（角運動量），p.75 の時間の無限小推進（エネルギー）などであった**．関係(7.19 b)を用いると，次のような命題 (p.88) が成り立つ．すなわち，<u>もし G で生成される無限小変換によって Hamiltonian が不変なら，母関数 G は保存する</u>．

注 意

式 (7.19 b) に至る議論をもう一度復習してみるとわかるように，変換の母関数 G は，関係 (4.34)

---

* 変換の母関数 G が時間をあらわに含むときは，
$$H(Q_i(t)\,;\,P_i(t)) - H(q_i(t)\,;\,p_i(t))$$
$$= -\varepsilon\frac{d}{dt}G(q_i(t)\,;\,p_i(t),t) + \varepsilon\frac{\partial}{\partial t}G(q_i(t)\,;\,p_i(t),t) \quad (7.19\,\mathrm{b}')$$
と変わる．なお，不思議なことに，(7.19 b) や (7.19 b′) には「……の恒等式」というような名前がついていない．

** 粒子の力学で重要な物理量は，この3つぐらいである．多様な粒子を取り扱う素粒子論では，このほかいろいろな物理量が出てくるが，これらもすべて例外なくある変換の母関数である．

7.3 物理量と Lagrangian の対称性

$$\delta q_i = \varepsilon \frac{\partial G(q\,;\,p)}{\partial p_i}$$

$$\delta p_i = -\varepsilon \frac{\partial G(q\,;\,p)}{\partial q_i} \tag{7.20}$$

を満たすものである．これらの式の左辺が与えられていれば，これらを満たすように $G(q\,;\,p)$ を決めることができるし，一方 G が与えられていれば，これらの式を用いて δq_i と δp_i が求まる．いずれにしろ，G を一般的にどうやって作るのか明らかではない．考えている変換を生成するように，G を勘で探すしかない．

Lagrangian 形式では，与えられた Lagrangian の変換性と，その変換に関連した物質量の定義およびその時間微分が直接に結びつく．これがこれから説明する **Noether の恒等式**で，物理量の定義および Lagrangian の選択に重要な役割を果たす．

いま，時間の変換 (p. 71) を伴わない無限小変換

$$q_i(t) \to Q_i(t) = q_i(t) + \delta q_i(t) \tag{7.21}$$

を考える．この δq_i は，任意の変分ではなく，与えられた無限小量である．この変換 (7.21) に対する Lagrangian の変化を計算してみる．すなわち，

$$L(Q_i, \dot{Q}_i) = L\left(q_i + \delta q_i, \dot{q}_i + \frac{d}{dt}\delta q_i\right)$$

$$= L(q_i, \dot{q}_i) + \sum_i \frac{\partial L}{\partial q_i}\delta q_i + \sum_i \frac{\partial L}{\partial \dot{q}_i}\frac{d}{dt}\delta q_i \tag{7.22}$$

2 次以上の無限小は省略した．この式は次のように書き直すことができる．

$$L(Q_i(t), \dot{Q}_i(t)) - L(q_i(t), \dot{q}_i(t))$$

$$= \sum_i \left\{ \frac{\partial L}{\partial q_i} - \frac{d}{dt}\left(\frac{\partial L}{\partial \dot{q}_i}\right) \right\}\delta q_i + \frac{d}{dt}\left\{ \sum_i \frac{\partial L}{\partial \dot{q}_i}\delta q_i \right\} \tag{7.23}$$

これが Noether の恒等式の最も基本的なものである．簡単な計算によって導かれたこの簡単な恒等式の意味するところは，しかし重大である．

式 (7.23) の左辺は，(時間を伴わない) 無限小変換 (7.21) による．Lagrangian の変化を表している．一方右辺では，Euler-Lagrange の方程式が成

り立つところで第1項は消え，第2項だけが残る．つまりある無限小変換に対する Lagrangian の変化は，物理量 $-(\partial L/\partial \dot{q}_i)\delta q_i \equiv \varepsilon N$ の時間的変化に等しい．この物理量 N を **Noether charge** とよぶ．それは考えている無限小変換に関連する物理量であり，変換と L とから直接計算できるものである．

例3── 座標の無限小推進 (p.71 を見よ)

p.102 の例2について考える．まず素直な Lagrangian (7.12) をみると，それが座標推進

$$x_k \to x_k = x_k + \varepsilon \qquad k=1,2 \tag{7.24}$$

に対して不変なことは明らかである．したがって，Noether の式 (7.23) の左辺は0である．一方 (7.12) を使って Noether charge を作ってみると，

$$N_1 = -\sum_{k=1,2} \frac{\partial L_1}{\partial \dot{x}_k}\delta x_k = -\varepsilon(m_1\dot{x}_1 + m_2\dot{x}_2)$$

$$= -\varepsilon P \tag{7.25}$$

この P は粒子系の全運動量で，無限小推進の母関数（例3, p.71 を参照）である．Noether の式 (7.23) は空間推進で Lagrangian が不変な系では，全運動量が保存量であることを保証する．

ひねくれたほうの Lagrangian L_2 を採用してみよう．これも明らかに座標推進 (7.24) に対して不変，つまり Noether の恒等式 (7.23) の左辺は0である．L_2 によって Noether charge を計算してみると，

$$\varepsilon N_2 = -\sum_{k=1,2} \frac{\partial L_2}{\partial \dot{x}_k}\delta x_k$$

$$= -\varepsilon(m_1\dot{x}_2 + m_1\dot{x}_1 + (m_2-m_1)\dot{x}_2)$$

$$= -\varepsilon(m_1\dot{x}_1 + m_2\dot{x}_2) \tag{7.26}$$

が得られ，前の N_1 と同じであることがわかる*．空間推進という立場からは，L_1 と L_2 は区別できない．L_1 と L_2 がもつ異なった対称性を考えると，たとえ

---

* このことは，実はあらかじめ予想のできたことである．Lagrangian は，元来運動方程式と物理系全体の対称性の知識を含んでいる量である．空間推進に対する対称性は，L_1 も L_2 も同じである．L_1 と L_2 を区別するには，別の対称性を考慮しなければならない．たとえば (7.5) のようなもの．

ば例1で考えた (7.5) のタイプの変換を考えると，L_1 と L_2 の差がみえてくるが，これは演習問題としておく．

例4 ―― 3次元空間における回転

多粒子系の素直な Lagrangian

$$L_1 = \frac{1}{2}\sum_k m_k \dot{\boldsymbol{x}}_k{}^2 - \frac{1}{2}\sum_{k,l} V(|\boldsymbol{x}_k - \boldsymbol{x}_l|) \tag{7.27}$$

を考えよう．記号の意味は説明するまでもなく明らかであろう．軸 $\boldsymbol{e}$ のまわりに無限小角 $\delta\theta$ だけ回転した座標系を導入すると，k 番目の粒子の座標の変化は，

$$\delta\boldsymbol{x}_k = \boldsymbol{x}_k \times \boldsymbol{e}\,\delta\theta \tag{7.28}$$

である (p.73 参照)．

Lagrangian (7.27) の右辺は，2項とも回転に対してスカラーだから，(7.27) は無限小回転に対して変化しない．つまり Noether の恒等式 (7.23) の左辺は 0 である．一方，無限小回転に関連する Noether charge は，

$$\delta\theta N = -\sum_k \frac{\partial L}{\partial \dot{\boldsymbol{x}}_k}\delta\boldsymbol{x}_k$$

$$= -\sum_k m_k \dot{\boldsymbol{x}}_k (\boldsymbol{x}_k \times \boldsymbol{e})\,\delta\theta$$

$$= -\sum_k (m_k \dot{\boldsymbol{x}}_k \times \boldsymbol{x}_k)\,\boldsymbol{e}\,\delta\theta$$

$$= \sum_k (\boldsymbol{x}_k \times m_k \dot{\boldsymbol{x}}_k)\,\boldsymbol{e}\,\delta\theta \tag{7.29}$$

となる．つまり，軸 $\boldsymbol{e}$ のまわりの無限小回転に関連する Noether charge は，各粒子の角運動量の和の回転軸方向への射影である (p.73 の例4と比較してみられたい)．

7.4 時間変化を含む変換に伴う Noether の恒等式

いままで時間の変化を含む変換を避けてきた理由は2つある．その1つは，いつでも正準形式を意識の中においていなければならないからである．正準形

式では式 (4.9) のように，変換前後の変数は，いつでも同時刻のものを比較しなければならない．したがって，時間の変換が入ってくると，正準形式を保つために余分の数学的操作が必要になる*．それだけ概念的にわかりにくくなる．第2の理由は，いままで使い慣れてきた Euler-Lagrange の式とか正準形式の理論などが，2.2節で導入した作用積分という量に関連しているからである．定義式 (2.2) が示すように，作用積分とは Lagrangian を時間で積分した量であり，時間の変換を考慮すると積分の上下限まで変換され，変換以前の作用積分との比較がむずかしくなる．以下の議論は，したがって上記の2つの点において，今までよりも議論の程度が高くなる（ソフィスティケーテッドになる）ことを覚悟されたい．

時間の無限小変換

$$t \to t' = t + \delta t \qquad (7.30\,\mathrm{a})$$

を伴う変数変換

$$q_k(t) \to Q_k(t') = q_k(t) + \delta q_k(t) \qquad (7.30\,\mathrm{b})$$

を考える．δq_k は与えられた変換の無限小部分である（式 (7.30 b) の左辺 Q_k の中には，t でなく t' が入っていることに注意）．正準理論で必要なのは，むしろ $Q_k(t)$ と $q_k(t)$ の関係である．それらの差は，

$$\begin{aligned}
\delta^L q_k(t) &\equiv Q_k(t) - q_k(t) \\
&= Q_k(t') - q_k(t) + Q_k(t) - Q_k(t') \\
&= \delta q_k(t) - \{Q_k(t+\delta t) - Q_k(t)\} \\
&= \delta q_k(t) - \delta t \, \dot{q}_k(t) \qquad (7.30\,\mathrm{c})
\end{aligned}$$

と書くことができる．ただし最後の段階では，2次の無限小を省略した**．

もう少し数学演習を続けなければならない．時間変換 (7.30 a) のために2次以上の無限小を省略して，

---

* このことは，p.111 の例5で時間の推進を議論するとき経験する．
** 式 (7.30 c) を用いれば，δq_k はいつでも $\delta^L q_k$ に直せるが，右辺に $\dot{q}_k$ が入っているから正準形式の理論では注意を要する．なお，以下，無限小のパラメーターを ε とする．

7.4 時間変化を含む変換に伴う Noether の恒等式

$$\frac{d}{dt'} = \frac{dt}{dt'}\frac{d}{dt} = \left(1 - \frac{d\delta t}{dt}\right)\frac{d}{dt} \tag{7.31 a}$$

また，

$$dt' = \frac{dt'}{dt}dt = \left(1 + \frac{d\delta t}{dt}\right)dt \tag{7.31 b}$$

が得られる．したがって，

$$\dot{Q}_k(t') \equiv \frac{d}{dt'}Q_k(t') = \left(1 - \frac{d\delta t}{dt}\right)\frac{d}{dt}(q_k(t) + \delta q_k(t))$$

$$= \dot{q}_k(t) - \frac{d\delta t}{dt}\dot{q}_k(t) + \frac{d}{dt}(\delta q_k(t))$$

$$= \dot{q}_k(t) + \frac{d}{dt}\delta^L q_k(t) - \delta t\,\ddot{q}_k(t) \tag{7.32}$$

ここでも 2 次以上の無限小は省略した．

同様に，

$$\frac{d}{dt}L(q_k(t), \dot{q}_k(t))$$

$$= \sum_l \left\{\frac{\partial L}{\partial q_l(t)}\dot{q}_l(t) + \frac{\partial L}{\partial \dot{q}_l(t)}\ddot{q}_l(t)\right\} \tag{7.33}$$

これは，Lagrangian が q_k と $\dot{q}_k$ を通じてのみ時間に依存していることの表現で，あとで有用になる．

簡単のために，以下

$$L[t] \equiv L(q_k(t),\ \dot{q}_k(t)) \tag{7.34 a}$$
$$L'[t'] \equiv L(Q_k(t'),\ \dot{Q}_k(t')) \tag{7.34 b}$$

と書くことにする．

まず，変換された系での作用積分

$$I' \equiv \int_{t_1'}^{t_2'} dt'\, L'[t'] \tag{7.35}$$

を考える．これは，(7.31 b) により，

$$= \int_{t_1}^{t_2} dt \left(1 + \frac{d\delta t}{dt}\right) L'[t'] \tag{7.35'}$$

2次以上の無限小を省略して，

$$= \int_{tt}^{t_2} dt \left(L'[t'] + \frac{d\delta t}{dt} L[t]\right)$$

$$= I + \int_{t_1}^{t_2} dt \left(L'[t'] - L[t] + \frac{d\delta t}{dt} L[t]\right) \tag{7.35''}$$

したがって，運動方程式とは無関係に，作用積分の変換は，

$$I' - I = \int_{t_1}^{t_2} dt \left(L'[t'] - L[t] + \frac{d\delta t}{dt} L[t]\right) \tag{7.36}$$

と表現できる．この式の右辺の被積分関数をさらに変形しよう．

$$L'[t'] - L[t] + \frac{d\delta t}{dt} L[t]$$

$$= \sum_k \left\{ \frac{\partial L}{\partial q_k}(Q_k(t') - q_k(t)) + \frac{\partial L}{\partial \dot{q}_k}\left(\dot{Q}_k(t') - \dot{q}_k(t)\right)\right\}$$

$$+ \frac{d}{dt}(\delta t L) - \delta t \frac{dL}{dt}$$

そこで，(7.32)，(7.33) を用いると，

$$= \sum_k \left(\frac{\partial L}{\partial q_k} \delta q_k + \frac{\partial L}{\partial \dot{q}_k} \frac{d}{dt} \delta^L q_k - \frac{\partial L}{\partial \dot{q}_k} \delta t \ddot{q}_k\right)$$

$$- \sum_k \left(\frac{\partial L}{\partial q_k} \delta t \dot{q}_k + \frac{\partial L}{\partial \dot{q}_k} \delta t \ddot{q}_k\right) + \frac{d}{dt}(\delta t L)$$

$$= \sum_k \left(\frac{\partial L}{\partial q_k} - \frac{d}{dt}\frac{\partial L}{\partial \dot{q}_k}\right) \delta^L q_k + \frac{d}{dt}\left(\sum_k \frac{\partial L}{\partial \dot{q}_k} \delta^L q_k + \delta t L\right)$$

すなわち，

$$L'[t'] - L[t] + \frac{d\delta t}{dt} L[t]$$

$$= \sum_k \left(\frac{\partial L}{\partial q_k} - \frac{d}{dt}\frac{\partial L}{\partial \dot{q}_k}\right) \delta^L q_k - \varepsilon \frac{d}{dt} N[t] \tag{7.37}$$

ただし,
$$\varepsilon N[t] \equiv -\sum_k \frac{\partial L}{\partial \dot{q}_k}\delta^L q_k - \delta t L \tag{7.38}$$
である. この N が拡張された**Noether charge**で, 式 (7.37) が一般的な**Noether の恒等式**である. 前の (7.23) と比較してみてほしい ($\delta t=0$ だと当然両者一致する). Noether charge は $-\delta t L$ だけ前の場合と異なっている. 時間の変換を含む変換に関連した物理量が, (7.38) で与えられる. この Noether charge は, Lagrangian と変換が与えられれば計算できるということが特徴である. 一方, 母関数 G は, 与えられた正準変換に対し微分方程式(7.20)を解いて求められる.

Noether の恒等式 (7.37) の両辺を, 時間について t_1 から t_2 まで積分すると, Euler-Lagrange の式が成り立つところで,
$$I'-I = -\varepsilon \int_{t_1}^{t_2} dt \frac{d}{dt} N[t]$$
$$= \varepsilon(N[t_1]-N[t_2]) \tag{7.39}$$
が成り立つ. 左辺は, ある変換に対して作用積分がどれだけ変化するか, つまり作用積分の対称性 (の破れ) を示す量, 一方右辺は, 変換に関連した物理量 N が時刻 t_1 と t_2 の間にどれだけ変わるかを示す量である.

この恒等式の重要性は 2 つある. 第 1 には, <u>Lagrangian の対称性 (の破れ) が, 物理量 N の形を決めていること</u>, 第 2 には, <u>Lagrangian (運動方程式ではない) の対称性と保存則が結びついている</u>ということである.

例 5 ── 時 間 推 進
この場合
$$\delta t = \varepsilon \tag{7.40}$$
$$\delta q_k = 0 \tag{7.41}$$
明らかに,
$$\delta^L q_k = \delta q_k - \delta t \dot{q}_k = -\varepsilon \dot{q}_k \tag{7.42}$$
Noether charge は (ε を落として),

$$N = -\sum_k \frac{\partial L}{\partial \dot{q}_k}(-\dot{q}_k) - L$$

$$= \sum_k \frac{\partial L}{\partial \dot{q}_k}\dot{q}_k - L \tag{7.43}$$

となる．右辺は明らかに，Hamiltonian である（式 (4.1) を見よ）．いいかえると，時間の推進に関連した物理量は Hamiltonian であり，Lagrangian がこの変換に対して不変ならば，式 (7.37) の左辺は 0，したがって，Euler-Lagrangian の方程式が成り立つところで Hamiltonian は保存する．

7.5 注意とまとめ

最後に，Hamiltonian と変換の母関数の間に成り立つ恒等式 (7.19 b)（または (7.19 b′) 式）と，Noether の恒等式 (7.23)（または時間変換を含んだ式 (7.37)）について，いくつかの注意を述べ，同時に解析力学を総復習しておきたい．

注　意

1) まず，Hamiltonian に関する式 (7.19 b) と Lagrangian に関する式 (7.23) とはよく似てはいるが，同じものではないという点に注意しなければならない．

ある物理系をとりあげよう．第 1 に問題となるのは，Lagrangian が存在するか，それから Hamiltonian は存在するかである*．両方とも存在しない場合はこの本では度外視しよう．また，Hamiltonian または Lagrangian のうち一方しか存在しない場合には，式 (7.19 b) または (7.23) が成り立ち，両者の関係を論じるのは無意味だから，その場合も除外しよう．つまり，以下では，Lagrangian および Hamiltonian がともに存在する物理系だけ考える．

そこで，物理系を記述する変数（や座標系）に無限小の変換を施す．その変換に対する Hamiltonian および Lagrangian の応答を変形していくと，それ

---

* 後者が存在するのに，前者は存在しない場合がある．スピン系では前者が存在しない．

ぞれ式 (7.19 b) と式 (7.23) に到達する．式 (7.19 b) のほうは，あらゆる無限小正準変換に対して成立する．一方 Noether の恒等式 (7.23) のほうには，考えうる変換に制限がある．それは，Lagrangian には変数に関する 1 次の時間微分までしか含まれないからである．このことはあとで例をあげる．

2) 正準変換の母関数 G に対応する Noether charge N は，いつでも存在するわけではない．正準変換は，式 (1.22) のような点変換よりも広い概念である．しかし，母関数 G と Noether charge N（の符号を逆にしたもの）が一致する必要かつ十分条件は容易に求まる（演習問題 7）．

例 6 —— Galilei 変換

G と N が同一でない例として，多粒子系に Galilei 変換を施してみる．i 番目の粒子の位置ベクトルを $\boldsymbol{x}_i$ ($i=1, 2, \cdots, n$) とする．Galilei 変換は，

$$\boldsymbol{x}_i \to \boldsymbol{X}_i = \boldsymbol{x}_i - \boldsymbol{v}t \tag{7.44}$$

したがって，$\boldsymbol{v}$ が無限小のとき，

$$\delta \boldsymbol{x}_i = -\boldsymbol{v}t \tag{7.45 a}$$

正準理論では，一方，運動量の変化は，

$$\delta \boldsymbol{p}_i = -m_i \boldsymbol{v} \tag{7.45 b}$$

したがって，Galilei 変換の母関数 G は，

$$\boldsymbol{v}G = -\boldsymbol{v}\sum_i (\boldsymbol{p}_i t - m_i \boldsymbol{x}_i) \tag{7.46}$$

と決まる．

一方，Lagrangian 理論では，

$$\delta \boldsymbol{x}_i = -\boldsymbol{v}t \tag{7.47 a}$$

のときには，

$$\delta \dot{\boldsymbol{x}}_i = -\boldsymbol{v} \tag{7.47 b}$$

である．Lagrangian として素直な (7.27) をとると，Noether charge は，

$$\boldsymbol{v}N = -\sum_i \frac{\partial L}{\partial \dot{\boldsymbol{x}}_i} \delta \boldsymbol{x}_i$$

$$= \sum_i m_i \dot{\boldsymbol{x}}_i \boldsymbol{v}t \tag{7.48}$$

となり，明らかに母関数 (7.46) とは同じではない．

変換 (7.47) に対する Lagrangian (7.27) の変化は，
$$L(X_i, \dot{X}_i) - L(x_i, \dot{x}_i) = \sum_i m_i \dot{x}_i \delta \dot{x}_i$$
$$= -v \cdot \sum_i m_i \dot{x}_i \qquad (7.49\,\text{a})$$

これは，(7.23) によると，運動方程式の成り立つところで，
$$= \frac{d}{dt}\left\{\sum_i \frac{dL}{d\dot{x}_i}\delta x_i\right\}$$

$$= -\frac{d}{dt}\left\{\sum_i m_i \dot{x}_i \cdot v t\right\}$$

$$= -v\sum_i m_i \dot{x}_i - v\frac{d}{dt}\left\{\sum_i m_i \dot{x}_i\right\}t \qquad (7.49\,\text{b})$$

ここまでに使ったことは，粒子相互のポテンシャルに対し ((2.27) を見よ)，
$$\left(\frac{\partial}{\partial x_k} + \frac{\partial}{\partial x_l}\right)V(|x_k - x_l|) = 0 \qquad (7.50)$$

だけである．式 (7.49 a) は，Lagrangian は，Galilei 変換に対して不変でないことを示している．この場合，Noether の恒等式 (つまり (7.49 a) = (7.49 b)) からいえることは，(7.49 b) の第 2 項が消えること，つまり運動量保存則が成り立つということである．これは Lagrangian の空間推進不変性からすでに導かれていることである．Galilei 変換は，この場合，空間推進不変性より以上の情報を含んでいなかったわけである．

Hamiltonian に関する式 (7.19 b) (この場合は式 (7.19 b′)) は，Galilei 変換に対してどんな知識を与えてくれるだろうか．Hamiltonian として，
$$H(x_i, p_i) = \sum_i \frac{1}{2m_i} p_i^2 + \frac{1}{2}\sum_{k,l} V(|x_k - x_l|) \qquad (7.51)$$

ここでも式 (7.50) は成り立っている．変換 (7.45) に対して，
$$H(X_i, P_i) - H(x_i, p_i) = \sum_i \frac{1}{m_i} p_i \delta p_i = -v\sum_i p_i \qquad (7.52\,\text{a})$$

一方，式 (7.19 b′) の右辺は，

7.5 注意とまとめ

$$= \boldsymbol{v}\frac{d}{dt}\left\{\sum_i \boldsymbol{p}_i t - \sum_i m_i \boldsymbol{x}_i\right\} - \boldsymbol{v}\sum_i \boldsymbol{p}_i \tag{7.52 b}$$

である．(7.52 a) と (7.52 b) から得られるものは，したがって，

$$\frac{d}{dt}\sum_i \{\boldsymbol{p}_i t - m_i \boldsymbol{x}_i\}\boldsymbol{v} = 0 \tag{7.53}$$

で，これはこの場合，Galilei 変換の母関数 (7.46) が保存するということである．しかし，この保存則も運動量保存則以上のものは与えていない．

Galilei 変換の例でわかるように，新しい変換を考えることは，必ずしも新しい母関数や新しい Noether charge を発見することにはならない．古い Noether charge の組み合わせであったりすることもある．

3) ここでもう1つ強調しておかなければならないことは，"対称性" というとき，なんの対称性を問題にしているのかということである．ある変換に対して運動方程式が不変でも，Lagrangian や Hamiltonian が不変でないことはよくあることである．運動方程式の不変性から，物理量の保存則を結論しないように，運動方程式の不変性と物理量の保存則の間には，直接の関係はない．例をあげると，z 方向（下向き）に重力が加わっている場合，落体の運動方程式は，

$$\frac{d^2 z}{dt^2} = g \tag{7.54}$$

であって，これは，

$$z \to Z = z + a \tag{7.55}$$

という変換に対して不変である．ただし，a は定数とする．しかしわれわれは，物体が落下するとき運動量は保存しないことをよく知っている．ちなみに，式 (7.54) を与える Lagrangian を作ってみると，

$$L = \frac{1}{2}m\dot{z}^2 + gmz \tag{7.56}$$

となり，これは変換 (7.55) に対して不変ではなく，Noether の恒等式 (7.23) から出てくるものは，

$$gm\alpha = \frac{d}{dt}(m\dot{z}\alpha) \tag{7.57}$$

つまり，

$$\frac{d}{dt}(m\dot{z}) = mg \tag{7.57'}$$

である．これは粒子の運動量が一定の割合で増すという式で，われわれの直観と一致している（実は (7.57′) は落体の運動方程式 (7.54) にすぎない）．

4) ここまで忍耐強くついてこられた読者は，最後にもう一度前に書いた解析力学の効能書き (p.39) に戻って，解析力学を一段と高い立場からながめ直してほしい．この最後の章で議論したことは量子力学入門には必要なことではないが，量子力学から一歩進んで素粒子論へ入ると，Noether の恒等式なしには生きていけなくなる．多様な粒子の活躍する物理系を取り扱う場合，まず粒子の運動方程式を予想しなければならない．相対論的領域では粒子のスピンが大きくなく，0 か 1/2 なら運動方程式の選択は限られてしまう．問題は，多様な粒子の相互作用の対称性である．つまりどんな相互作用 Lagrangian を採用すべきかを決めなければならない．過去 50 年間の素粒子論の歴史は，この相互作用 Lagrangian の模索の歴史であったといっても過言ではない．この模索の歴史において，Noether の恒等式の果たした役割の大きさははかりしれない．

演習問題 7

1. 2 章例 3 の Lagrangian

$$L_2 = e^{a\dot{x}}$$

を採用し，正準運動量 p および Hamiltonian H_2 を作って，結果を吟味せよ．ただし $a > 0$ とする．

2. 例 1 において，L_3(7.2 c) が正しい Euler-Lagrange の方程式 (7.1) を与えることを確認せよ．Hamiltonian H_3 を求めよ．

3. 例 1 の L_1 が，変換 (7.5) に対して不変であることを確認せよ．また，こ

の変換に対する Noether charge N_1 を求めよ．Noether charge と変換の母関数 (7.9) は同じになるか．

4. 例1の Lagrangian L_2 と L_3 とは，変換 (7.5) に対して不変ではない．したがって，変換 (7.5) に共役な Noether charge は保存しない．L_1 と L_2 に対する Noether charge を求めよ．

5. ひねくれた Hamiltonian H_2 が，時間的に保存されていることを，運動方程式を用いて確かめよ．

6. 例2のひねくれた Lagrangian (7.15) に，変換 (α：無限小)

$$x_1 \to X_1 = x_1 + x_2 \alpha$$
$$x_2 \to X_2 = x_2 - x_1 \alpha$$

を施し，Noether の恒等式 (7.23) の左辺を求めてみよ．さらに，この変換に共役な Noether charge を求めよ．

7. もし δq_k が p_l を含まず，q_l のみの関数であるならば，

$$G = -N$$

であることを証明せよ．

ヒント：式 (1.24) を使う．

8. p.104 の脚注の式を導いてみよ．

9. 多粒子系においてゲージ変換

$$\boldsymbol{x}_i \to \boldsymbol{x}_i$$

$$\boldsymbol{p}_i \to \boldsymbol{p}_i + \varepsilon \frac{\partial}{\partial \boldsymbol{x}_i} \lambda(\boldsymbol{x}_1, \boldsymbol{x}_2, \cdots)$$

を考える．この変換について Hamiltonian および Lagrangian の変化を計算し，結果を物理的に解釈せよ．

付　　　録

A.　Lagrange の未定係数法

2章で，Lagrangian の中に現れたすべての q_i ($i=1, 2, \cdots, f$) を，全部独立として変分を行った．つまり q_i を $q_i+\eta_i$ と変化させて，η_i を全部独立の勝手な無限小として扱った．もし q_i がすべて独立なものでなく，ある束縛条件

$$g(q_1, \cdots, q_f) = 0 \tag{A.1}$$

が存在している場合には，むろんすべての q_i を独立とみなすことはできない．変分をとる場合も，$q_i+\eta_i$ が (A.1) を満たすようにとらなければならない．そのときはいうまでもなく自由度は $f-1$ に減っている*．η_i の許される範囲は，

$$g(q_1+\eta_1, \cdots, q_f+\eta_f) = g(q_1, \cdots, q_f) + \sum_i \frac{\partial g}{\partial q_i}\eta_i = 0$$

により，

$$\sum_i \frac{\partial g}{\partial q_i}\eta_i = 0 \tag{A.2}$$

のものに限られる．(A.1) のもとに，たとえば関数

---

* 一般には，系の自由度は f から束縛条件の数だけ減る．

$$F(q_1, \cdots, q_f) \tag{A.3}$$

が極値をとるように q_i を定めるには，Lagrange によって考案された次の方法が有効である．これを **Lagrange の未定係数法** (undetermined multiplier) という．いま，(A.3) の変分をとり，それを 0 とおく．すなわち，

$$\delta F = \sum_{i=1}^{f} \frac{\partial F}{\partial q_i} \eta_i = 0 \tag{A.4}$$

ところが，η_i は (A.2) を満たすものに限られるから，(A.4) の η_i の係数を直ちに 0 とおくわけにはいかない．(A.2) を用いて，たとえば η_f を消去してから η_i ($i=1, 2, \cdots, f-1$) の係数を 0 とすればよいが，それでは $i=1, 2, \cdots, f$ の変数の間の対称性が失われて気持ちが悪いばかりでなく，1 個以上の束縛条件がある場合，独立でない η_i を消去するのがたいへんである．そこで，このような不便を避けるために，(A.4) と (A.2) をいっしょにして，

$$\delta F = \sum_{i=1}^{f} \left(\frac{\partial F}{\partial q_i} + \lambda \frac{\partial g}{\partial q_i} \right) \eta_i = 0 \tag{A.5}$$

を考えよう．(A.2), (A.4) が成り立つかぎり (A.5) も成り立つ．ここに λ は $q_1, \cdots, q_f$ の任意の関数でよいが，この任意性をうまく利用して，たとえば η_f が消えるようにすることができる．それには，λ を，

$$\frac{\partial F}{\partial q_f} + \lambda \frac{\partial g}{\partial q_f} = 0 \tag{A.6}$$

と選べばよい．すると (A.5) から η_f は消えてしまい，

$$\delta F = \sum_{i=1}^{f-1} \left(\frac{\partial F}{\partial q_i} + \lambda \frac{\partial g}{\partial q_i} \right) \eta_i = 0 \tag{A.7}$$

となる．η_i ($i=1, 2, \cdots, f-1$) は独立だから，(A.7) を満たすものは，

$$\frac{\partial F}{\partial q_i} + \lambda \frac{\partial g}{\partial q_i} = 0 \qquad i=1, 2, \cdots, f-1 \tag{A.8}$$

に限られる．このとき λ は (A.6) を満たすようなものである．したがって (A.6) と (A.8) をいっしょにして，

$$\frac{\partial F}{\partial q_i} + \lambda \frac{\partial g}{\partial q_i} = 0 \qquad i=1, 2, \cdots, f \tag{A.9}$$

となる．すなわち (A.6) を満たすように λ を決めて，その λ を用いて (A.8) とおくと，はじめの関数 F は条件 (A.1) のもとで極値をとる．以上の手続きをさらに手ぎわよく行うには，F のかわりに，

$$\overline{F} \equiv F + \lambda g \tag{A.10}$$

を定義し，$\overline{F}$ を独立な $q_1, \cdots, q_f, \lambda$ に対して極値をとるように定めればよい．この場合，(A.1) のあったことを忘れて変分をとると，(A.1) が結果として出てくる．$f+1$ 個の独立変数 $q_1, \cdots, q_f, \lambda$ をそれぞれ，$q_1+\eta_1, \cdots, q_f+\eta_f, \lambda+\zeta$ と変えると，

$$\delta \overline{F} = \sum_{i=1}^{f} \left(\frac{\partial F}{\partial q_i} + \lambda \frac{\partial g}{\partial q_i} \right) \eta_i + g\zeta \tag{A.11}$$

これを 0 とおくと，$\eta_i \; (i=1,2,\cdots,f)$ と ζ は全部独立だから，

$$\frac{\partial F}{\partial q_i} + \lambda \frac{\partial g}{\partial q_i} = 0 \qquad i=1,2,\cdots,f \tag{A.12 a}$$

$$g = 0 \tag{A.12 b}$$

が得られる．(A.12) は，条件 (A.1) のもとに，F が極値をとる条件と全く同じである．λ のことを，**Lagrange の未定係数**という．条件つきの極値問題では，しばしば利用される便利な量である．

もし，束縛条件が n 個（$n<f$）あれば，n 個の未定係数を用いて，

$$\overline{F} \equiv F + \sum_{\mu=1}^{n} \lambda_\mu g_\mu \tag{A.13}$$

を作り，$q_1, \cdots, q_f, \lambda_1, \cdots, \lambda_n$ を全部独立変数として扱えば，F の極値は，

$$\frac{\partial F}{\partial q_i} + \sum_{\mu} \lambda_\mu \frac{\partial g_\mu}{\partial q_i} = 0 \qquad i=1,2,\cdots,f \tag{A.14 a}$$

$$g_\mu = 0 \qquad \mu=1,2,\cdots,n \tag{A.14 b}$$

で与えられる．

例1

簡単な微分の問題として,

$$f(x,y) = \frac{1}{2}(x^2+y^2) \tag{A.15}$$

が,条件

$$x+y=a \tag{A.16}$$

のもとに極値をとる点を求めてみよう.Lagrange の未定係数によらないで行うには,まず (A.16) を用いて (A.15) から y を消去する.すると,

$$f(x,a-x) = x^2 - ax + \frac{1}{2}a^2 \tag{A.17}$$

が得られるから,これを x で微分して 0 とおくと,

$$f'(x,a-x) = 2x - a = 0 \tag{A.18}$$

$$\therefore \quad x = \frac{1}{2}a \tag{A.19}$$

一方,Lagrange の未定係数法によって同じ問題を扱うには,(A.15) のかわりに,

$$\bar{f}(x,y,\lambda) \equiv f(x,y) + \lambda(x+y-a) \tag{A.20}$$

を定義し,これを,x, y, λ を全部独立として極値を求める.それには,

$$\frac{\partial \bar{f}}{\partial x} = x + \lambda = 0 \tag{A.21 a}$$

$$\frac{\partial \bar{f}}{\partial y} = y + \lambda = 0 \tag{A.21 b}$$

$$\frac{\partial \bar{f}}{\partial \lambda} = x + y - a = 0 \tag{A.21 c}$$

を解けばよい.はじめの 2 式から λ を消去して,第 3 式と組み合わせると,

$$x = \frac{1}{2}a \quad \text{または} \quad y = \frac{1}{2}a \tag{A.22}$$

が得られて,(A.19) と完全に一致することがわかる.

例 2

もう少し複雑な問題として，一定の長さの閉曲線の包む面積が最大の場合を Lagrange の未定係数の方法で求めてみよう．結果が円になることは周知であろう．曲線は x-軸の上方にのみ存在するとし，それをパラメーター s で表す．すなわち曲線を 1 周するに従って，パラメーター s が 0 から 1 に変わるとしよう．すると，曲線の長さは，

$$l = \int_0^1 ds \sqrt{\left(\frac{dx}{ds}\right)^2 + \left(\frac{dy}{ds}\right)^2} \tag{A.23}$$

曲線に囲まれる面積は，

$$S = \int_0^1 ds \frac{dx}{ds} y(s) \tag{A.24}$$

である．ただし，曲線が閉じている条件として，

$$x(0) = x(1), \quad y(0) = y(1) \tag{A.25}$$

とする．問題は，l を一定にして S を最大にするのである．Lagrange の未定係数 λ を用いて，

$$\overline{S} = S + \lambda \left\{ l - \int_0^1 ds \sqrt{\left(\frac{dx}{ds}\right)^2 + \left(\frac{dy}{ds}\right)^2} \right\} \tag{A.26}$$

を最大にすればよい．Euler-Lagrange の方程式は，

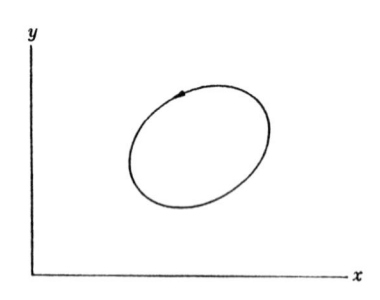

図 A.1

$$\frac{dx}{ds} + \lambda \frac{d}{ds}\left\{\frac{\frac{dy}{ds}}{\sqrt{\left(\frac{dx}{ds}\right)^2 + \left(\frac{dy}{ds}\right)^2}}\right\} = 0 \quad \text{(A.27 a)}$$

$$-\frac{dy}{ds} + \lambda \frac{d}{ds}\left\{\frac{\frac{dx}{ds}}{\sqrt{\left(\frac{dx}{ds}\right)^2 + \left(\frac{dy}{ds}\right)^2}}\right\} = 0 \quad \text{(A.27 b)}$$

$$l = \int_0^1 ds \sqrt{\left(\frac{dx}{ds}\right)^2 + \left(\frac{dy}{ds}\right)^2} \quad \text{(A.27 c)}$$

となる．(A.27 a)，(A.27 b) を積分すると，

$$x + \lambda \frac{\frac{dy}{ds}}{\sqrt{\left(\frac{dx}{ds}\right)^2 + \left(\frac{dy}{ds}\right)^2}} = a \quad \text{(A.28 a)}$$

$$y - \lambda \frac{\frac{dx}{ds}}{\sqrt{\left(\frac{dx}{ds}\right)^2 + \left(\frac{dy}{ds}\right)^2}} = b \quad \text{(A.28 b)}$$

が得られる．ここに，a, b は定数である．明らかに，

$$(x-a)^2 + (y-b)^2 = \lambda^2 \quad \text{(A.29)}$$

が成立する．これは，$x=a$，$y=b$ を中心とする半径 λ の円である．この円周は $2\pi\lambda$ であるから，これが l に等しくなければならない．したがって，

$$\lambda = \frac{l}{2\pi} \quad \text{(A.30)}$$

となる．

B. Legendre 変換

4章では，Hamiltonian を Lagrangian から定義したが，これはいわゆる Legendre(ルジャンドル)変換の1つの例である．Legendre 変換は物理学の他の部門，たとえば熱力学などでもたびたび用いられる．ここでは Legendre 変換をさらに一般の立場から議論し，その応用として，熱力学や正準変換論を考

えてみる．

いま，n 個の変数 $u_1, u_2, \cdots, u_n$ の与えられた関数を，
$$F = F(u_1, u_2, \cdots, u_n) \tag{B.1}$$
としよう．次に，
$$v_i \equiv \frac{\partial F}{\partial u_i} \qquad i = 1, 2, \cdots, n \tag{B.2}$$
によって新しい変数 v_i を導入する．(B.2) の右辺は，$u_1, u_2, \cdots, u_n$ の関数だが，これを逆に解いて u_i を $v_1, v_2, \cdots, v_n$ の関数として表すことができる場合を考えよう．このような逆変換が可能である場合，今度は $v_1, v_2, \cdots, v_n$ の関数
$$G = G(v_1, v_2, \cdots, v_n) \tag{B.3}$$
を考えて，
$$u_i = \frac{\partial G}{\partial v_i} \qquad i = 1, 2, \cdots, n \tag{B.4}$$
となるようにするにはどうすればよいであろうか．この場合，F と G とは簡単な関係
$$G = \sum_i u_i v_i - F(u_1, u_2, \cdots, u_n) \tag{B.5}$$
で結ばれる．(B.5) のことを **Legendre の二重変換** (dual transformation) といい，変数 u_i と v_i の間の対称性が著しい．この証明は次のように行う．

(B.5) は，(B.2) の逆変換を用いてすべて $v_1, v_2, \cdots, v_n$ の関数として表したと考えると，v_i を無限小 δv_i だけ変化させたとき，G の変化は，(B.5) を用いて，

$$\delta G = \sum_i \frac{\partial G}{\partial v_i} \delta v_i$$

$$= \sum_{i,j} \frac{\partial u_i}{\partial v_j} v_i \delta v_j + \sum_i u_i \delta v_i$$

$$- \sum_{i,j} \frac{\partial F}{\partial u_i} \frac{\partial u_i}{\partial v_j} \delta v_j$$

$$= \sum_{i,j} \left(v_i - \frac{\partial F}{\partial u_i} \right) \frac{\partial u_i}{\partial v_j} \delta v_j + \sum_i u_i \delta v_i$$

$$= \sum_i u_i \delta v_i \tag{B.6}$$

が得られる．ただし，最後の段階で (B.2) を用いた．(B.6) によると，

$$u_i = \frac{\partial G}{\partial v_i} \qquad i = 1, 2, \cdots, n \tag{B.7}$$

である．こうして (B.4) が得られた．この式の右辺は，G からすべての u_i を消去して v_i で表してから，v_i で微分するという意味である．

例をあげる前に Legendre 変換をもう少し拡張しておこう．F が $u_1, u_2, \cdots, u_n$ のほかにパラメーター $a_1, a_2, \cdots, a_m$ を含んでいるとしよう．すなわち，

$$F = F(u_1, u_2, \cdots, u_n \,;\, a_1, a_2, \cdots, a_m) \tag{B.8}$$

このとき，

$$G = \sum_i u_i v_i - F$$

$$= G(v_1, v_2, \cdots, v_n \,;\, a_1, a_2, \cdots, a_m) \tag{B.9}$$

とすると，

$$u_i = \frac{\partial G}{\partial v_i} \tag{B.10 a}$$

$$\frac{\partial F}{\partial a_k} = -\frac{\partial G}{\partial a_k} \qquad k = 1, 2, \cdots, m \tag{B.10 b}$$

が成り立つ．この場合，u_i や v_i を**能動変数** (active variable)，a_k を**受動変数** (passive variable) という．Lagrangian から Hamiltonian への変換では，$\dot{q}_i$ や p_i が能動変数，q_i は受動変数であった ((3.7 b) を見よ)．

例 1 —— 簡単な Legendre 変換

上述の一般論を 2 変数の簡単な場合にあてはめてみると，次のようになる．x と y の関数 $f(x, y)$ が与えられ，

$$u = \frac{\partial f}{\partial x}, \qquad v = \frac{\partial f}{\partial y} \tag{B.11}$$

としよう．このとき，もちろん，
$$\delta f = u\delta x + v\delta y \tag{B.12}$$
が成り立っている．

そこで，(x, y) という変数から，(u, y) という変数に変換するには（つまり x と u を交換したいときには），
$$g = f - xu \tag{B.13}$$
を定義し*，これを (B.11) を用いて，u と y の関数に書き直す．すると，
$$\delta g = \delta f - \delta x u - x \delta u$$
$$= u\delta x + v\delta y - \delta x u - x\delta u = v\delta y - x\delta u \tag{B.14}$$
したがって，
$$x = -\frac{\partial g}{\partial u}, \qquad v = \frac{\partial g}{\partial y} \tag{B.15}$$
となる．

例2——熱力学的関数

上の変換は，熱力学的関数の間の変換にしばしば用いられる．たとえば，エントロピー S，体積 V，粒子数 N の関数として，**内部エネルギー**
$$U = U(S, V, N) \tag{B.16}$$
が与えられていると，温度 T，圧力 p，化学ポテンシャル μ はそれぞれ，
$$dU = TdS - pdV + \mu dN \tag{B.17}$$
で与えられる．すなわち，
$$T = \left(\frac{\partial U}{\partial S}\right)_{V,N} \tag{B.18 a}$$

$$p = -\left(\frac{\partial U}{\partial V}\right)_{S,N} \tag{B.18 b}$$

$$\mu = \left(\frac{\partial U}{\partial N}\right)_{S,V} \tag{B.18 c}$$
である．

---

* 前の G とは，符号を逆にとったが，これは本質的なことではない．それに従って，(B.15) が (B.10) と逆符号をもつだけである．

次に，S, V, N のかわりに S, p, N を独立変数に選ぶには，**エンタルピー**
$$H \equiv U + pV$$
$$= H(S, p, N) \tag{B.19}$$
を定義する．これは U から H への Legendre 変換である．すると，
$$dH = dU + dpV + pdV$$
$$= TdS - pdV + \mu dN + dpV + pdV$$
$$= TdS + Vdp + \mu dN \tag{B.20}$$
したがって，
$$T = \left(\frac{\partial H}{\partial S}\right)_{p,N} \tag{B.21 a}$$

$$V = \left(\frac{\partial H}{\partial p}\right)_{S,N} \tag{B.21 b}$$

$$\mu = \left(\frac{\partial H}{\partial N}\right)_{S,p} \tag{B.21 c}$$

が得られる．

Helmholtz（ヘルムホルツ）の自由エネルギー F を，内部エネルギーから Legendre 変換で，
$$F \equiv U - TS = F(T, V, N) \tag{B.22}$$
と定義すると，
$$dF = dU - dTS - TdS$$
$$= -SdT - pdV + \mu dN \tag{B.23}$$
したがって，エントロピー，圧力，化学ポテンシャルはそれぞれ，
$$S = -\left(\frac{\partial F}{\partial T}\right)_{V,N} \tag{B.24 a}$$

$$p = -\left(\frac{\partial F}{\partial V}\right)_{T,N} \tag{B.24 b}$$

$$\mu = \left(\frac{\partial F}{\partial N}\right)_{T,V} \tag{B.24 c}$$

となる．

Gibbs(ギブス)の自由エネルギー G は,

$$G \equiv F + pV = G(T, p, N) \tag{B.25}$$

なる Legendre 変換によって得られる. すると,

$$dG = dF + dpV + pdV$$
$$= -SdT + Vdp + \mu dN \tag{B.26}$$

であるから,

$$S = -\left(\frac{\partial G}{\partial T}\right)_{p,N} \tag{B.27 a}$$

$$V = \left(\frac{\partial G}{\partial p}\right)_{T,N} \tag{B.27 b}$$

$$\mu = \left(\frac{\partial G}{\partial N}\right)_{T,p} \tag{B.27 c}$$

となる.

例 3 ── 正 準 変 換

(4.13) 式では, W を q_i と Q_i の変数とみて, p_i と P_i を求めたが, これに Legendre 変換を施すと, q_i, Q_i, p_i, P_i のうちの他の変数に変換することができる. たとえば, q_i と P_i を独立にするには,

$$W' = W + \sum_i Q_i P_i = W'(q, P) \tag{B.28}$$

とすると, (4.15 b) を用いて,

$$dW' = \sum_i \left(\frac{\partial W}{\partial q_i} dq_i + \frac{\partial W}{\partial Q_i} dQ_i + dQ_i P_i + Q_i dP_i\right)$$

$$= \sum_i \left(\frac{\partial W}{\partial q_i} dq_i + Q_i dP_i\right) \tag{B.29}$$

したがって,

$$p_i = \frac{\partial W'}{\partial q_i}, \qquad Q_i = \frac{\partial W'}{\partial P_i} \tag{B.30}$$

を得る. この場合, q_i は受動変数, P_i, Q_i が能動変数である.

全く同様にして,

$$q_i = -\frac{\partial W''}{\partial p_i}, \qquad P_i = -\frac{\partial W''}{\partial Q_i} \tag{B.31}$$

や

$$q_i = -\frac{\partial W'''}{\partial p_i}, \qquad Q_i = \frac{\partial W'''}{\partial P_i} \tag{B.32}$$

を得ることができる．W, W', W'', W''' は，それぞれ，

$$W = W' - \sum_i Q_i P_i \tag{B.33 a}$$

$$= W'' + \sum_i q_i p_i \tag{B.33 b}$$

$$= W''' + \sum_i (q_i p_i - Q_i P_i) \tag{B.33 c}$$

で結ばれている．あるいは，微分形で書くと，

$$dW = \sum_i (p_i dq_i - P_i dQ_i) \tag{B.34 a}$$

$$dW' = \sum_i (p_i dq_i + Q_i dP_i) \tag{B.34 b}$$

$$dW'' = -\sum_i (q_i dp_i + P_i dQ_i) \tag{B.34 c}$$

$$dW''' = \sum_i (-q_i dp_i + Q_i dP_i) \tag{B.34 d}$$

である．これらの形から，正準変換とは，

$$\sum_i (p_i dq_i - P_i dQ_i) \tag{B.35}$$

を完全微分形にする変換であるということもできる．

C. 場の理論への拡張

変分原理から Euler-Lagrange の式として運動方程式を導くやり方が，電磁場に関する Maxwell の方程式や量子力学に出てくる Schrödinger 方程式を導く場合にも用いることができるということを，ここで説明しておこう．ただし古典場の一般論はここではやらない．

電磁場とか，電子の確率波を与える場とかを，一般に $\phi^\alpha(x)$ と表そう．α は考えている場の成分を示す添字で，ベクトル場なら $\alpha=1,2,3$，スピノル場なら

$a=1,2$ などとする*. また空間座標 $\boldsymbol{x}$ と時間座標 t とをいっしょにして簡単に x と書いた. "場"とはつまり, 時間と空間に依存する関数 $\phi^\alpha(x)$ で表される物理量である. たとえば, Schrödinger の場 $\psi(x)$ は, 方程式

$$i\hbar \frac{\partial}{\partial t}\psi(x) = \left[-\frac{\hbar^2}{2m}\boldsymbol{\nabla}^2 + V(\boldsymbol{x}) \right]\psi(x) \tag{C.1}$$

を満たす複素場である. ここに $\hbar$ は, Planck の定数を 2π で割ったもの, m は粒子の質量だが, ここでは単なる定数と考える. $V(\boldsymbol{x})$ は, $\boldsymbol{x}$ のある与えられた関数である. 電磁場はいうまでもなく, Maxwell の方程式を満たす場である. とにかく, そのような場を一般的に $\phi^\alpha(x)$ とおき, Lagrangian を適当に作って, (C.1) や Maxwell の方程式を, Euler-Lagrange の方程式として導くことを考えよう.

場の理論に Lagrange 形式を応用する場合, 最初に Lagrangian 密度というものを定義し, 作用積分は時間と空間積分で定義する. Lagrangian 密度は, 通常, 場の量 $\phi^\alpha(x)$ とそれの空間微分 $\boldsymbol{\nabla}\phi^\alpha(x)$ と, 時間微分 $\dot{\phi}^\alpha(x)$ の関数である. ただし, ϕ^α の上の点は, 時間に関する偏微分である. すなわち, Lagrangian 密度は,

$$\mathscr{L} = \mathscr{L}(\phi^\alpha(x), \boldsymbol{\nabla}\phi^\alpha(x), \dot{\phi}^\alpha(x)) \tag{C.2}$$

である. $\phi^\alpha(x)$ として, 実数の場だけでなく複素数の場も考えることができるが, その場合は $\phi^\alpha(x), \boldsymbol{\nabla}\phi^\alpha(x), \dot{\phi}^\alpha(x)$ の複素共役量も (C.2) の中に入ってくる. (C.2) を, 3次元空間について積分したもの

$$L \equiv \int d^3x\, \mathscr{L}(\phi^\alpha(x), \boldsymbol{\nabla}\phi^\alpha(x), \dot{\phi}^\alpha(x)) \tag{C.3}$$

を Lagrangian とよぶ. 以下 (C.3) のように 3 次元空間積分に限界を明示しなかったら, それは全空間についての定積分であることを意味する.

作用積分は, 力学のときと同じく,

$$I = \int_{t_1}^{t_2} dt\, L = \int_{t_1}^{t_2} dt \int d^3x\, \mathscr{L}(\phi^\alpha(x), \boldsymbol{\nabla}\phi^\alpha(x), \dot{\phi}^\alpha(x)) \tag{C.4}$$

---

* ここでスピノル場とは何か知っている必要はない. 何か2成分をもった場と思っておけばよい.

で定義する．これを極値にするものが，Euler-Lagrange の式を満たすものである．そのとき考える変分は，

$$\phi^a(x) \to \phi^{a\prime}(x) = \phi^a(x) + \eta^a(x) \tag{C.5}$$

であり，$\eta^a(x)$ は，条件

$$\eta^a(x) \to 0 \qquad |\boldsymbol{x}| \to \infty \tag{C.6 a}$$

および，$t = t_1$ と t_2 で，

$$\eta^a(x) = 0 \tag{C.6 b}$$

を満たすかぎり，全く任意の無限小とする．複素場の場合は，ϕ^a とその複素共役場とを独立に扱う*．すると，

$$\begin{aligned}
I' - I &= \int_{t_1}^{t_2} dt \int d^3x \sum_a \left\{ \frac{\partial \mathscr{L}}{\partial \phi^a(x)} \eta^a(x) + \frac{\partial \mathscr{L}}{\partial \boldsymbol{\nabla} \phi^a(x)} \boldsymbol{\nabla} \eta^a(x) \right. \\
&\qquad \left. + \frac{\partial \mathscr{L}}{\partial \dot{\phi}^a(x)} \dot{\eta}^a(x) + 複素共役 \right\} \\
&= \int_{t_1}^{t_2} dt \int d^3x \left[\sum_a \left\{ \frac{\partial \mathscr{L}}{\partial \phi^a(x)} - \boldsymbol{\nabla} \frac{\partial \mathscr{L}}{\partial \boldsymbol{\nabla} \phi^a(x)} - \frac{\partial}{\partial t} \frac{\partial \mathscr{L}}{\partial \dot{\phi}^a(x)} \right\} \eta^a(x) \right. \\
&\qquad \left. + \sum_a \left\{ \boldsymbol{\nabla} \left(\frac{\partial \mathscr{L}}{\partial \boldsymbol{\nabla} \phi^a(x)} \eta^a(x) \right) + \frac{\partial}{\partial t} \left(\frac{\partial \mathscr{L}}{\partial \dot{\phi}^a(x)} \eta^a(x) \right) \right\} + 複素共役 \right]
\end{aligned} \tag{C.7}$$

となる**．右辺の 2 行目は，積分すると，条件 (C.6 a) と (C.6 b) によって消えるから，全く任意の $\eta^a(x)$ に対して (C.7) が 0 となるのは，

$$\frac{\partial \mathscr{L}}{\partial \phi^a(x)} - \boldsymbol{\nabla} \frac{\partial \mathscr{L}}{\partial \boldsymbol{\nabla} \phi^a(x)} - \frac{\partial}{\partial t} \frac{\partial \mathscr{L}}{\partial \dot{\phi}^a(x)} = 0 \tag{C.8 a}$$

$$\frac{\partial \mathscr{L}}{\partial \phi^{a\dagger}(x)} - \boldsymbol{\nabla} \frac{\partial \mathscr{L}}{\partial \boldsymbol{\nabla} \phi^{a\dagger}(x)} - \frac{\partial}{\partial t} \frac{\partial \mathscr{L}}{\partial \dot{\phi}^{a\dagger}(x)} = 0 \tag{C.8 b}$$

のときに限る***．これらが Euler-Lagrange の方程式である．通常 (C.8 b) は (C.8 a) の複素共役であるから，(C.8 a) と (C.8 b) を別々に計算する必要は

---

* 複素場は 2 つの実場に分解できるから，2 つの独立な実場を考えることと同じである．場の量とその複素場を独立としても同じである．

** $f\boldsymbol{\nabla} g = -\boldsymbol{\nabla} f \cdot g + \boldsymbol{\nabla}(f \cdot g)$ を用いた．

*** $\phi^{a\dagger}(x)$ は $\phi^a(x)$ の複素共役．場の量子論ではエルミート共役になることを予想して，* のかわりに † を用いた．

なく，(C.8a) を求めてその複素共役をとると (C.8b) が得られる．

粒子の力学のときには，Lagrangian には不定性があったが，Lagrangian 密度にも同じことがあてはまる．ただしこの場合は，

$$\mathscr{L}' = \mathscr{L} + \boldsymbol{\nabla} \cdot \boldsymbol{V} + \frac{\partial}{\partial t} W \tag{C.9}$$

のように，4次元の発散量だけ異なる $\mathscr{L}$ と $\mathscr{L}'$ とは同じ Euler-Lagrange 方程式を与える．

例1 ── Schrödinger 方程式

Schrödinger 方程式は，前に見たように (C.1) を満たす．これを Euler-Lagrange の方程式として得るには，Lagrangian 密度

$$\mathscr{L} = i\hbar \psi^\dagger(x) \dot{\psi}(x) - \frac{\hbar^2}{2m} \boldsymbol{\nabla} \psi^\dagger(x) \cdot \boldsymbol{\nabla} \psi(x) - V(\boldsymbol{x}) \psi^\dagger(x) \psi(x) \tag{C.10}$$

をとればよい．すなわち，(C.8b) を求めると，

$$\frac{\partial \mathscr{L}}{\partial \psi^\dagger(x)} = i\hbar \dot{\psi}(x) - V(\boldsymbol{x}) \psi(x) \tag{C.11a}$$

$$\frac{\partial \mathscr{L}}{\partial \boldsymbol{\nabla} \psi^\dagger(x)} = -\frac{\hbar^2}{2m} \boldsymbol{\nabla} \psi(x) \tag{C.11b}$$

$$\frac{\partial \mathscr{L}}{\partial \dot{\psi}^\dagger(x)} = 0 \tag{C.11c}$$

より，

$$\frac{\partial \mathscr{L}}{\partial \psi^\dagger(x)} - \boldsymbol{\nabla} \frac{\partial \mathscr{L}}{\partial \boldsymbol{\nabla} \psi^\dagger(x)} - \frac{\partial}{\partial t} \frac{\partial \mathscr{L}}{\partial \dot{\psi}^\dagger(x)}$$

$$= i\hbar \dot{\psi}(x) - V(\boldsymbol{x}) \psi(x) + \frac{\hbar^2}{2m} \boldsymbol{\nabla}^2 \psi(x) = 0 \tag{C.12}$$

となる．

(C.10) には，$\dot{\psi}^\dagger$ が入っていないから，このままでは，$\mathscr{L}$ は実数ではないが，

$$\mathscr{L}^\dagger - \mathscr{L} = -i\hbar \dot{\psi}^\dagger(x) \psi(x) - i\hbar \psi^\dagger(x) \dot{\psi}(x)$$

$$= -i\hbar \frac{\partial}{\partial t}(\psi^\dagger(x)\psi(x)) \tag{C.13}$$

であるから，(C.9) で注意したようにこの項は運動方程式に効かない．

例 2 ―― 電磁場に関する Maxwell の方程式

電場を E，磁場を H とするとき，電流や電荷のないところでは，E や H はいわゆる Maxwell の方程式

$$\mathrm{curl}\, \boldsymbol{H} - \frac{1}{c}\frac{\partial \boldsymbol{E}}{\partial t} = 0 \tag{C.14 a}$$

$$\mathrm{div}\, \boldsymbol{E} = 0 \tag{C.14 b}$$

$$\mathrm{curl}\, \boldsymbol{E} + \frac{1}{c}\frac{\partial \boldsymbol{H}}{\partial t} = 0 \tag{C.14 c}$$

$$\mathrm{div}\, \boldsymbol{H} = 0 \tag{C.14 d}$$

を満たす*．これらの方程式の物理的な意味については，適当な電磁気学の教科書を参照していただくことにし，ここでは，(C.14) を与える Lagrangian を作ることを考えよう．

まず (C.14) の中には，全部で 8 個の方程式があることに注意しよう．それに対して変数は，E と H の 6 個しかない．Euler-Lagrange の式は，独立変数の数だけしかないから，(C.14) のままではそれらに導く Lagrangian を作ることは困難である．少々細工を要する．

まず (C.14 d) は，H がベクトルポテンシャル A によって，

$$\boldsymbol{H} = \mathrm{curl}\, \boldsymbol{A} \tag{C.15}$$

と表されることを示している．これを (C.14 c) に入れると，

$$\mathrm{curl}\left(\boldsymbol{E} + \frac{1}{c}\dot{\boldsymbol{A}}\right) = 0 \tag{C.16}$$

したがって，これはスカラーポテンシャル A_0 により，

$$\boldsymbol{E} = -\mathrm{grad}\, A_0 - \frac{1}{c}\dot{\boldsymbol{A}} \tag{C.17}$$

---

* c は光の速度．

と表される．よって (C.14) の8式は，(C.14a)，(C.14b)，(C.15)，(C.17) の10式と全く同等である．そこで，E, H, A, A_0 の10個の変数を考えると，Euler-Lagrange の式として10個の方程式が導かれるにちがいない．

通常，Lagrangian 密度として*，

$$\mathscr{L} = -\frac{1}{8\pi}(E^2 - H^2) - \frac{1}{4\pi}E\left(\nabla A_0 + \frac{1}{c}\dot{A}\right)$$

$$-\frac{1}{4\pi}H\cdot(\nabla\times A) \qquad (C.18)$$

と選ぶ．

E, H, A, A_0 を独立にして，Euler-Lagrange の式を書くと，それぞれ，

$$E = -\nabla A_0 - \frac{1}{c}\dot{A} \qquad (C.19\,a)$$

$$H = \nabla\times A \qquad (C.19\,b)$$

$$\nabla\times H - \frac{1}{c}\dot{E} = 0 \qquad (C.19\,c)$$

$$\nabla\cdot E = 0 \qquad (C.19\,d)$$

が得られる．

例3 ―― Klein-Gordon（クライン・ゴルドン）の方程式

相対論的な場の理論において基本的な方程式は，

$$\left(\nabla^2 - \frac{1}{c^2}\frac{\partial^2}{\partial t^2} - \frac{c^2 m^2}{\hbar^2}\right)\phi(x) = 0 \qquad (C.20)$$

である．これを Klein-Gordon の方程式という．簡単のため $\phi(x)$ を実数場とすると，Lagrangian 密度は，

$$\mathscr{L} = -\frac{1}{2}\left\{\nabla\phi(x)\cdot\nabla\phi(x) - \frac{1}{c^2}\dot{\phi}(x)\dot{\phi}(x) + \frac{c^2 m^2}{\hbar^2}\phi(x)\phi(x)\right\} \quad (C.21)$$

ととるとよい．事実，Euler-Lagrange の方程式は，

---

* grad $A_0 = \nabla A_0$, curl $A = \nabla\times A$ に注意．またこの段階では，分母の8πとか4πを決める理由はない．各3項の比が，1:2:2ならよい．

$$\frac{\partial \mathscr{L}}{\partial \phi} = -\frac{c^2 m^2}{\hbar^2}\phi(x) \tag{C.22 a}$$

$$\frac{\partial \mathscr{L}}{\partial \boldsymbol{\nabla} \phi} = -\boldsymbol{\nabla}\phi(x) \tag{C.22 b}$$

$$\frac{\partial \mathscr{L}}{\partial \dot\phi} = \frac{1}{c^2}\dot\phi(x) \tag{C.22 c}$$

したがって，

$$\frac{\partial \mathscr{L}}{\partial \phi} - \boldsymbol{\nabla}\frac{\partial \mathscr{L}}{\partial \boldsymbol{\nabla}\phi} - \frac{\partial}{\partial t}\frac{\partial \mathscr{L}}{\partial \dot\phi} = \left(-\frac{c^2 m^2}{\hbar^2} + \boldsymbol{\nabla}^2 - \frac{1}{c^2}\frac{\partial^2}{\partial t^2}\right)\phi(x) = 0 \tag{C.23}$$

となる．

例 4 ── Schrödinger 方程式と調和振動子

例 1 で考えた Schrödinger の場 $\psi(x)$ が，実は調和振動子の集まりであることを，Fourier 積分を用いて証明しておこう．調和振動子の集まりならば，本文の力学的方法がそのまま用いられることがわかるであろう．また量子論的に Schrödinger 場を扱うときにも，調和振動子の量子力学をそのまま用いればよい．場の理論では，いつでも場を調和振動子に分解するので，その手法の一端をうかがう意味で，この例は重要である．以下 x のかわりに，空間 $\boldsymbol{x}$ と時間 t とを別々に表示する．Schrödinger 場 $\psi(\boldsymbol{x}, t)$ において，空間変数について Fourier 積分を用いると，

$$\psi(\boldsymbol{x}, t) = \frac{1}{(2\pi)^{3/2}}\int_{-\infty}^{\infty} d^3 k e^{i\boldsymbol{k}\cdot\boldsymbol{x}} a(\boldsymbol{k}, t) \tag{C.24}$$

である．$a(\boldsymbol{k}, t)$ は，$\psi(\boldsymbol{x}, t)$ の Fourier 変換で，

$$a(\boldsymbol{k}, t) = \frac{1}{(2\pi)^{3/2}}\int_{-\infty}^{\infty} d^3 x e^{-i\boldsymbol{k}\cdot\boldsymbol{x}} \psi(\boldsymbol{x}, t) \tag{C.25}$$

である．ψ や a は複素数だから，

$$p(\boldsymbol{k}, t) \equiv i\sqrt{\frac{\hbar\omega(\boldsymbol{k})}{2}}\{a^\dagger(\boldsymbol{k}, t) - a(\boldsymbol{k}, t)\} \tag{C.26 a}$$

$$q(\boldsymbol{k}, t) \equiv \sqrt{\frac{\hbar}{2\omega(\boldsymbol{k})}}\{a(\boldsymbol{k}, t) + a^\dagger(\boldsymbol{k}, t)\} \tag{C.26 b}$$

によって実の量を導入しよう．ただし，

$$\omega(\boldsymbol{k}) = \frac{\hbar}{2m}\boldsymbol{k}^2 \tag{C.27}$$

である．すると，Schrödinger 方程式*

$$i\hbar\frac{\partial}{\partial t}\psi(\boldsymbol{x}, t) = -\frac{\hbar^2}{2m}\boldsymbol{\nabla}^2\psi(\boldsymbol{x}, t) \tag{C.28}$$

が成立するとき，

$$\begin{aligned}\dot{q}(\boldsymbol{k}, t) &= \sqrt{\frac{\hbar}{2\omega(\boldsymbol{k})}}\{\dot{a}(\boldsymbol{k}, t) + \dot{a}^\dagger(\boldsymbol{k}, t)\} \\ &= -i\sqrt{\frac{\hbar\omega(\boldsymbol{k})}{2}}\{a(\boldsymbol{k}, t) - a^\dagger(\boldsymbol{k}, t)\} \\ &= p(\boldsymbol{k}, t)\end{aligned} \tag{C.29 a}$$

$$\begin{aligned}\dot{p}(\boldsymbol{k}, t) &= i\sqrt{\frac{\hbar\omega(\boldsymbol{k})}{2}}\{\dot{a}^\dagger(\boldsymbol{k}, t) - \dot{a}(\boldsymbol{k}, t)\} \\ &= -\omega^2(\boldsymbol{k})\sqrt{\frac{\hbar}{2\omega(\boldsymbol{k})}}\{a(\boldsymbol{k}, t) + a^\dagger(\boldsymbol{k}, t)\} \\ &= -\omega^2(\boldsymbol{k})q(\boldsymbol{k}, t)\end{aligned} \tag{C.29 b}$$

となる．(C.29) はまさに，調和振動子の式である（それをみるには，(3.13) で，$m=1$ とおいてみるとよい）．ただし $\boldsymbol{k}$ は，各成分が $-\infty$ から $+\infty$ まで変わる連続変数であるから，Schrödinger の場は，連続無限個の調和振動子の集まりと同等であるということができる．

調和振動子の Hamiltonian は，

$$H = \frac{1}{2}\int_{-\infty}^{\infty}d^3k\{p^2(\boldsymbol{k}, t) + \omega^2(\boldsymbol{k})q^2(\boldsymbol{k}, t)\} \tag{C.30}$$

であろう．事実，(C.10) で $V(\boldsymbol{x})=0$ とおいて空間積分したものを L とよぶと，

$$L \equiv \int_{-\infty}^{\infty}d^3x\left\{i\hbar\psi^\dagger(x)\dot{\psi}(x) - \frac{\hbar^2}{2m}\boldsymbol{\nabla}\psi^\dagger(x)\cdot\boldsymbol{\nabla}\psi(x)\right\}$$

---

* (C.1) で $V(\boldsymbol{x})=0$ としたもの．

$$
\begin{aligned}
&= \frac{1}{(2\pi)^3} \int_{-\infty}^{\infty} d^3x \int_{-\infty}^{\infty} d^3k \int_{-\infty}^{\infty} d^3k' \Big\{ i\hbar a^\dagger(\boldsymbol{k}',t)\dot{a}(\boldsymbol{k},t) \\
&\quad -\frac{\hbar^2}{2m}(\boldsymbol{k}'\cdot\boldsymbol{k})a^\dagger(\boldsymbol{k}',t)a(\boldsymbol{k},t)\Big\} e^{i(\boldsymbol{k}-\boldsymbol{k}')\cdot\boldsymbol{x}} \\
&= \int_{-\infty}^{\infty} d^3k \int_{-\infty}^{\infty} d^3k' \Big\{ i\hbar a^\dagger(\boldsymbol{k}',t)\dot{a}(\boldsymbol{k},t) \\
&\quad -\frac{\hbar^2}{2m}(\boldsymbol{k}'\cdot\boldsymbol{k})a^\dagger(\boldsymbol{k}',t)a(\boldsymbol{k},t)\Big\} \delta(\boldsymbol{k}-\boldsymbol{k}') \\
&= \int_{-\infty}^{\infty} d^3k \{ i\hbar a^\dagger(\boldsymbol{k},t)\dot{a}(\boldsymbol{k},t) - \hbar\omega(\boldsymbol{k})a^\dagger(\boldsymbol{k},t)a(\boldsymbol{k},t)\} \quad (C.31)
\end{aligned}
$$

ただし，ここで，積分順序を勝手に交換し，Dirac によって導入されたいわゆる δ 関数を用いた．それは，

$$\frac{1}{2\pi}\int_{-\infty}^{\infty} dx\, e^{i(k_1'-k_1)x} \equiv \delta(k_1'-k_1) \quad (C.32)$$

であり，この関数は，任意の k_1 の関数 $f(k_1)$ に対して，

$$\int_{-\infty}^{\infty} dk_1 \delta(k_1-a) f(k_1) = f(a) \quad (C.33)$$

が成り立つようなものである．(C.31) では，x, y, z に対して (C.32) と同様の積分から，3 つの δ 関数の積が出る．その積を簡単に $\delta(\boldsymbol{k}'-\boldsymbol{k})$ と書いた．すなわち，

$$
\begin{aligned}
\frac{1}{(2\pi)^3}\int_{-\infty}^{\infty} d^3x\, e^{i(\boldsymbol{k}-\boldsymbol{k}')\boldsymbol{x}} &= \left(\frac{1}{2\pi}\int_{-\infty}^{\infty} dx\, e^{i(k_1-k_1')x}\right) \\
&\quad \times \left(\frac{1}{2\pi}\int_{-\infty}^{\infty} dy\, e^{i(k_2-k_2')y}\right) \times \left(\frac{1}{2\pi}\int_{-\infty}^{\infty} dz\, e^{i(k_3-k_3')z}\right) \\
&= \delta(k_1-k_1')\delta(k_2-k_2')\delta(k_3-k_3') \equiv \delta(\boldsymbol{k}-\boldsymbol{k}') \quad (C.34)
\end{aligned}
$$

である．

(C.31) において，$a(\boldsymbol{k},t)$ と $a^\dagger(\boldsymbol{k},t)$ を独立として，Euler-Lagrange の方程式をたてると，

$$i\hbar \dot{a}(\boldsymbol{k},t) = \hbar\omega(\boldsymbol{k})a(\boldsymbol{k},t) \quad (C.35\,a)$$

および
$$i\hbar \dot{a}^\dagger(\boldsymbol{k}, t) = -\hbar\omega(\boldsymbol{k})a^\dagger(\boldsymbol{k}, t) \qquad \text{(C.35 b)}$$
となる．これらは (C.24) により，Schrödinger の方程式と全く同じものである．(C.31) から (3.2) によって，Hamiltonian を作ると*,
$$H = \int_{-\infty}^{\infty} d^3k\, i\hbar a^\dagger(\boldsymbol{k}, t)\dot{a}(\boldsymbol{k}, t) - L = \int_{-\infty}^{\infty} d^3k\, \hbar\omega(\boldsymbol{k})a^\dagger(\boldsymbol{k}, t)a(\boldsymbol{k}, t)$$
$$\text{(C.36)}$$
となる．(C.26) を用いて，これを p と q で表すと，
$$H = \frac{1}{2}\int_{-\infty}^{\infty} d^3k\{p^2(\boldsymbol{k}, t) + \omega^2(\boldsymbol{k})q^2(\boldsymbol{k}, t)\} \qquad \text{(C.37)}$$
となり，確かに (C.30) が正しいことがわかる．これらの表式は，場の量子論や，第二量子化の理論で重要な役割を演ずる．(C.36) では，Hamiltonian が，$\hbar\omega(\boldsymbol{k})$ に正の量 $a^\dagger(\boldsymbol{k}, t)a(\boldsymbol{k}, t)$ をかけたものの和という形になっている．第二量子化理論では，$a^\dagger a$ を粒子の数と解釈する．したがって Hamiltonian は，エネルギー $\hbar\omega(\boldsymbol{k})$ からなる粒子から成っているということになる．同様の計算を，Klein-Gordon の場に用いて，やはり Hamiltonian が，
$$H = \int_{-\infty}^{\infty} d^3k\, \hbar\omega(\boldsymbol{k})a^\dagger(\boldsymbol{k}, t)a(\boldsymbol{k}, t) \qquad \text{(C.38)}$$
の形になることを示し，計算の腕だめしをやってみられることをおすすめする．ただし，Klein-Gordon の場合は,
$$\hbar\omega(\boldsymbol{k}) = c\sqrt{\hbar^2\boldsymbol{k}^2 + c^2m^2} \qquad \text{(C.39)}$$
である．

---

* このとき，k を (3.2) の i に対応させる．

演習問題略解

演習問題 1

1. $g=f$ のときと同じ．
2. 略
3. 略
4. 略
5. 2 章例 1 (p. 38) を見よ．
6.
$$\dot{Q}_i - \frac{\partial H}{\partial P_i} = \sum_j \frac{\partial H}{\partial p_j}\left(\frac{\partial Q_i}{\partial q_j} - \frac{\partial p_j}{\partial P_i}\right) - \sum_j \frac{\partial H}{\partial q_j}\left(\frac{\partial Q_i}{\partial p_j} + \frac{\partial q_j}{\partial P_i}\right)$$

$$\dot{P}_i + \frac{\partial H}{\partial Q_i} = \sum_j \frac{\partial H}{\partial q_j}\left(\frac{\partial P_i}{\partial p_j} - \frac{\partial q_j}{\partial Q_i}\right) + \sum_j \frac{\partial H}{\partial p_j}\left(\frac{\partial P_i}{\partial q_j} + \frac{\partial p_j}{\partial Q_i}\right)$$

したがって，

$$\frac{\partial Q_i}{\partial q_j} - \frac{\partial p_j}{\partial P_i} = 0, \qquad \frac{\partial Q_i}{\partial p_j} + \frac{\partial q_j}{\partial P_i} = 0$$

$$\frac{\partial P_i}{\partial p_j} - \frac{\partial q_j}{\partial Q_i} = 0, \qquad \frac{\partial P_i}{\partial q_j} + \frac{\partial p_j}{\partial Q_i} = 0$$

である．なお，演習問題 4 の 5 参照．

7.
$$\frac{dW}{dt} = \sum_j \frac{\partial W}{\partial q_j}\dot{q}_j$$

$$\therefore \quad \frac{\partial}{\partial q_i}\left(\frac{dW}{dt}\right) = \sum_j \frac{\partial^2 W}{\partial q_i \partial q_j}\dot{q}_j$$

$$\frac{d}{dt}\left\{\frac{\partial}{\partial \dot{q}_i}\left(\frac{dW}{dt}\right)\right\} = \frac{d}{dt}\left(\frac{\partial W}{\partial q_i}\right) = \sum_j \frac{\partial^2 W}{\partial q_i \partial q_j}\dot{q}_j$$

$$\therefore \quad \frac{d}{dt}\left\{\frac{\partial}{\partial \dot{q}_i}\left(\frac{dW}{dt}\right)\right\} - \frac{\partial}{\partial q_i}\left(\frac{dW}{dt}\right) = 0$$

演習問題 2

1.
$$ds = \sqrt{(dx)^2 + (dy)^2}$$

糸の長さは,
$$l = \int ds = \int dx \sqrt{1 + \left(\frac{dy}{dx}\right)^2}$$

$$\therefore \quad \delta l = \int dx \frac{dy}{dx} \left\{1 + \left(\frac{dy}{dx}\right)^2\right\}^{-1/2} \frac{d\delta y}{dx}$$

$$\therefore \quad \frac{d}{dx}\left[\frac{dy}{dx}\left\{1 + \left(\frac{dy}{dx}\right)^2\right\}^{-1/2}\right] = 0$$

$$\therefore \quad \left(\frac{dy}{dx}\right)^2 = c^2 \left\{1 + \left(\frac{dy}{dx}\right)^2\right\}$$

$$\therefore \quad \frac{dy}{dx} = \text{const.} \quad \therefore \quad y = ax + b$$

2. 重力のポテンシャルは,
$$U = \int_A^B y\rho ds = \rho \int_A^B y ds$$

糸の長さは,
$$l = \int_A^B ds$$

Lagrange の未定係数法（付録 A を参照）を用い,
$$\delta(U + \lambda\rho l) = 0$$

とおくと,
$$y = -\lambda + \frac{1}{c}\cosh c(x-a) \quad (c > 0)$$

となる.

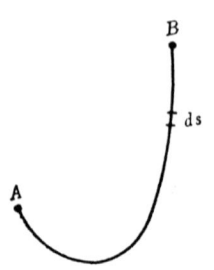

3.
$$x' = x + ut$$
$$t' = t$$
$$L = \frac{1}{2}m\dot{x}^2 = \frac{1}{2}m(\dot{x}' - u)^2$$
$$= \frac{1}{2}m\dot{x}'^2 + \frac{d}{dt}\left(-mx'\cdot u + \frac{1}{2}tmu^2\right)$$

4. 重心の座標を x_G, 慣性テンソルを,
$$I_{ij} = \int d^3x \, (r^2 \delta_{ij} - x_i x_j) \rho$$
とすると,
$$T = \frac{1}{2}M\dot{x}_G^2 + \frac{1}{2}\sum_{i,j} I_{ij} \omega_i \omega_j$$
ただし, ω は, 重心のまわりの角速度. 外力がなければ, $L = T$ である.

5.
$$L = e^{rt/m}\left(\frac{m}{2}\dot{x}^2 - \frac{m}{2}\omega_0^2 x^2\right)$$

6.
$$\frac{\partial L}{\partial q_i} - \frac{d}{dt}\left(\frac{\partial L}{\partial \dot{q}_i}\right) + \frac{d^2}{dt^2}\left(\frac{\partial L}{\partial \ddot{q}_i}\right) = 0$$

7. 略

8.
$$l = x \times p$$
この自乗をたんねんに計算すると,
$$l^2 = x^2 \cdot p^2 - (x \cdot p)^2$$
これを p. 41 の (2.15) 式を用いて $r, \theta, \phi, \dot{\theta}, \dot{\phi}$ で書き直す.

演習問題 3

1. Lagrangian における循環座標を q_0 とすると,
$$\dot{p}_0 = \frac{\partial L}{\partial q_0} = -\frac{\partial H}{\partial q_0} = 0$$
したがって H でも循環座標.

2. (3.25 a) 式より,

$$\dot{x}_i = \frac{1}{m}\left(p_i - \frac{e}{c}A_i\right)$$

$$\therefore\ L = \sum_i p_i \dot{x}_i - H = \frac{1}{2}m\dot{\boldsymbol{x}}^2 + \frac{e}{c}\dot{\boldsymbol{x}}\cdot\boldsymbol{A} - eA_0$$

3.
$$T = \frac{1}{2}\sum_{i,j} a_{ij}\dot{x}_i \dot{x}_j$$

$$p_i = \sum_j a_{ij}\dot{x}_j \qquad (a_{ij} = a_{ji})$$

$$\therefore\ H = \sum_i p_i \dot{x}_i - T + V = \frac{1}{2}\sum_{i,j} a_{ij}\dot{x}_i \dot{x}_j + V = T + V$$

4. 略

5.
$$\frac{dI(t)}{dt} = L(q_i(t),\dot{q}_i(t),t) = \sum_i p_i(t)\dot{q}_i(t) - H(q_i(t),p_i(t),t)$$

一方,

$$\frac{dI(t)}{dt} = \sum_i \frac{\partial I}{\partial q_i}\dot{q}_i(t) + \frac{\partial I}{\partial t}$$

$$\therefore\ \frac{\partial I}{\partial q_i} = p_i \qquad \therefore\ \frac{\partial I}{\partial t} + H\left(q_i, \frac{\partial I}{\partial q_i}, t\right) = 0$$

6.
$$L' = L + \sum_i \frac{\partial W}{\partial q_i}\dot{q}_i$$

$$p_i' = \frac{\partial L'}{\partial \dot{q}_i} = \frac{\partial L}{\partial \dot{q}_i} + \frac{\partial W}{\partial q_i} = p_i + \frac{\partial W}{\partial q_i}$$

$$\therefore\ H' = \sum_i p_i'\dot{q}_i - L' = \sum_i p_i'\dot{q}_i - L - \sum_i \frac{\partial W}{\partial q_i}\dot{q}_i$$

$$= \sum_i p_i \dot{q}_i - L = H$$

ただし, H' を p_i' と q_i の関数とした場合には, H とは全く異なる形になることがある. 両者が正準変換で結ばれていることはいうまでもない.

7. 注意深く時間微分を計算してみる. これは時間的に保存しない (電磁場のほうのエネルギーを考慮しないと保存則は成り立たない).

演習問題 4

1. $$p_i = \frac{\partial W}{\partial q_i}, \quad P_i = -\frac{\partial W}{\partial Q_i}, \quad H = K - \frac{\partial W}{\partial t}$$

2. $$W = p_x r \cos\phi + p_y r \sin\phi$$

3. $$W = p_x r \cos\phi \sin\theta + p_y r \sin\phi \sin\theta + p_z r \cos\theta$$

4. $$\dot{q}_i = \frac{\partial H}{\partial p_i} + \lambda \frac{\partial g}{\partial p_i}$$

    $$\dot{p}_i = -\frac{\partial H}{\partial q_i} - \lambda \frac{\partial g}{\partial q_i}$$

    $$g = 0$$

5. 第1式は(B.31)，第3式と第4式は(B.32)，(B.30)，また第2式は(4.13)により成り立つ．この問題の逆も成立することに注意．

6. 演習問題1の6といっしょにする．

7. (B.30) によると，
    $$W' = \sum_{i,j} a_{ij} P_j q_i$$
    ととったとき，
    $$Q_i = \frac{\partial W'}{\partial P_i} = \sum_j a_{ij} q_j$$

    $$p_i = \frac{\partial W'}{\partial q_i} = \sum_j a_{ij} P_j$$

    これを逆に解く．

8. (4.13) により，
    $$p_i = \frac{\partial W}{\partial q_i} = \sum_j A_{ij} q_j + \sum_j B_{ij} Q_j$$

    $$P_i = -\frac{\partial W}{\partial Q_i} = -\sum_j B_{ji} q_j - \sum_j C_{ij} Q_j$$

    ただし，A_{ij} と C_{ij} は対称．これは (q, p) と (Q, P) の間の一般の線形変換で，複素変換 (symplectic transformation) といわれる．詳しくは，山内恭彦 (1959) を見よ．

演習問題 5

1. $\qquad [l_x, l_y]_c = l_z \qquad$ (cyclic)

2. $\qquad \dot{q} = [q, H]_c = p[q, p]_c = p$

$\qquad\qquad \dot{p} = [p, H]_c = q[p, q]_c = -q$

$\qquad \therefore \ \ddot{q} = \dot{p} = -q$

3. 右手系から左手系へ移る変換を考えてみよ.

4. 演習問題 4 の 5 を用いると,

$$\sum_k \left(\frac{\partial Q_i}{\partial q_k} \frac{\partial P_j}{\partial p_k} - \frac{\partial Q_i}{\partial p_k} \frac{\partial P_j}{\partial q_k} \right)$$

$$= \sum_k \left(\frac{\partial Q_i}{\partial q_k} \frac{\partial q_k}{\partial Q_j} + \frac{\partial Q_i}{\partial p_k} \frac{\partial p_k}{\partial Q_j} \right) = \frac{\partial Q_i}{\partial Q_j} = \delta_{ij}$$

逆を証明するには,

$$\delta_{ij} = \sum_k \left(\frac{\partial Q_i}{\partial q_k} \frac{\partial P_j}{\partial p_k} - \frac{\partial Q_i}{\partial p_k} \frac{\partial P_j}{\partial q_k} \right) = \sum_k \left\{ \frac{\partial}{\partial q_k} \left(Q_i \frac{\partial P_j}{\partial p_k} \right) - \frac{\partial}{\partial p_k} \left(Q_i \frac{\partial P_j}{\partial q_k} \right) \right\}$$

$$\therefore \ \sum_k \frac{\partial}{\partial q_k} \left(\sum_i Q_i \frac{\partial P_i}{\partial p_k} - q_k \right) - \sum_k \frac{\partial}{\partial p_k} \left(\sum_i Q_i \frac{\partial P_i}{\partial q_k} \right) = 0$$

$$\therefore \ \sum_i Q_i \frac{\partial P_i}{\partial p_k} - q_k = \frac{\partial U}{\partial p_k}, \quad \sum_i Q_i \frac{\partial P_i}{\partial q_k} = \frac{\partial U}{\partial q_k}$$

したがって,

$$\delta U = \sum_k \left(\frac{\partial U}{\partial q_k} \delta q_k + \frac{\partial U}{\partial p_k} \delta p_k \right) = \sum_i Q_i \delta P_i - \sum_k q_k \delta p_k$$

$$\therefore \ Q_i = \frac{\partial U}{\partial P_i}, \quad q_k = -\frac{\partial U}{\partial p_k}$$

となり, $U = W'''$ である.

5. たとえば,

$$l_1 l_2 = \frac{1}{4} \begin{pmatrix} 0 & 1 \\ 1 & 0 \end{pmatrix} \begin{pmatrix} 0 & -i \\ i & 0 \end{pmatrix} = \frac{1}{4} \begin{pmatrix} i & 0 \\ 0 & -i \end{pmatrix}$$

$$l_2 l_1 = \frac{1}{4} \begin{pmatrix} 0 & -i \\ i & 0 \end{pmatrix} \begin{pmatrix} 0 & 1 \\ 1 & 0 \end{pmatrix} = \frac{1}{4} \begin{pmatrix} -i & 0 \\ 0 & i \end{pmatrix}$$

$$\therefore\ [l_1, l_2] = l_1 l_2 - l_2 l_1 = \frac{i}{2}\begin{pmatrix} 1 & 0 \\ 0 & -1 \end{pmatrix} = i l_3$$

6. 行列のかけ算をたんねんに計算せよ．
$$XP - PX = iI$$
となる．I は単位行列．

演習問題 6

1. パラメーターを a とし，たとえば，
$$H = \frac{1}{2m} p^2 + V(q, a)$$
について考えると，trajectory は，$p=0$ の線について対称．したがって，
$$J = \oint p\,dq = 2\int_{q_1}^{q_2} p(q, E, a)\,dq$$

$$\therefore\ \frac{1}{2}\delta J = \delta q_2\, p(q_2, E, a) - \delta q_1\, p(q_1, E, a)$$

$$+ \int_{q_1}^{q_2} dq\left(\frac{\partial p}{\partial a}\delta a + \frac{\partial p}{\partial E}\delta E\right)$$

$$= \int_{q_1}^{q_2} dq\left(\frac{\partial p}{\partial a}\delta a + \frac{\partial p}{\partial E}\delta E\right)$$

$$= \int_{q_1}^{q_2} dq\left(-\frac{\partial H}{\partial a}\delta a + \delta E\right)\frac{1}{\dot{q}} = \int dt\left(\delta E - \frac{\partial H}{\partial a}\delta a\right) = 0$$

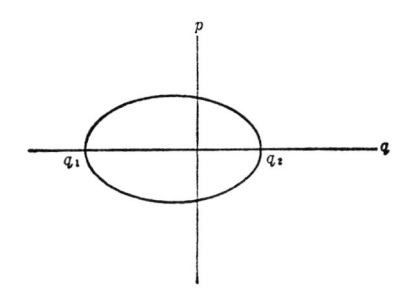

2.

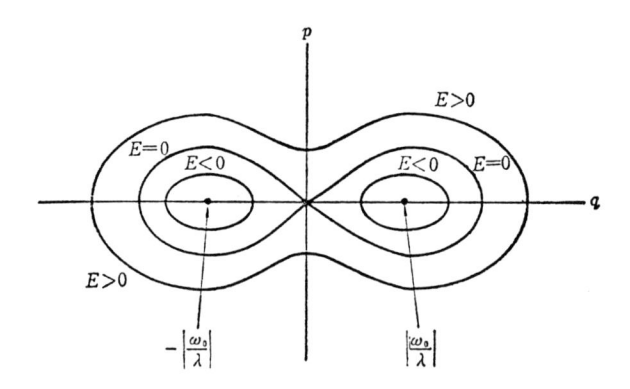

[Figure: phase portrait in (q, p) plane showing figure-eight separatrix with $E=0$, inner closed curves with $E<0$ around centers at $\pm|\omega_0/\lambda|$, and outer curves with $E>0$.]

3. 空間反転を含む変換について，Jacobianを計算すると -1 になる．

演習問題 7

1.
$$p = \frac{\partial L_2}{\partial \dot{x}} = \alpha e^{\alpha \dot{x}} \qquad (\alpha > 0)$$

$$\therefore \quad \dot{x} = \frac{1}{\alpha} \ln(p/\alpha)$$

$$\therefore \quad H_2 = p\dot{x} - L$$

$$= \frac{p}{\alpha} \ln\left(\frac{p}{\alpha}\right) - \frac{p}{\alpha}$$

これは正でなければならない．

2.
$$\frac{\partial L_3}{\partial q_1} - \frac{\partial}{\partial t}\frac{\partial L_3}{\partial \dot{q}_1} = -\omega^2 q_2 - \ddot{q}_2 = 0$$

$$p_1 = \frac{\partial L_3}{\partial \dot{q}_1} = \dot{q}_2, \quad p_2 = \frac{\partial L_3}{\partial \dot{q}_2} = \dot{q}_1$$

$$\therefore \quad H_3 = p_1 \dot{q}_1 + p_2 \dot{q}_2 - L_3 = p_1 p_2 + \omega^2 q_1 q_2$$

3. 変換 (7.5) によると，
$$Q_1^2 + Q_2^2 = q_1^2 + q_2^2$$

$$\dot{Q}_1^2 + \dot{Q}_2^2 = \dot{q}_1^2 + \dot{q}_2^2$$

$$-N = G = p_1 q_2 - p_2 q_1$$

4.
$$N_2 = -\frac{\partial L_2}{\partial \dot{q}_1}\delta q_1 - \frac{\partial L_2}{\partial \dot{q}_2}\delta q_2$$

$$= -\dot{q}_1 q_2 + \dot{q}_2(-q_1) = -(\dot{q}_1 q_2 + \dot{q}_2 q_1)$$

5. 式 (7.18) を時間微分する．

6.
$$L_2' - L_2 = -\alpha(m_2 - m_2)x_1 x_2$$

$$\alpha N_2 = -\frac{\partial L_2}{\partial \dot{x}_1}\delta x_1 - \frac{\partial L_2}{\partial \dot{x}_2}\delta x_2$$

$$= \alpha\{m_1(x_2\dot{x}_2 + x_1\dot{x}_1)$$
$$+ (m_2 - m_1)\dot{x}_2 x_1\}$$

7.
$$\text{Noether charge} = N = -\frac{1}{\varepsilon}\sum_k \frac{\partial L}{\partial \dot{q}_k}\delta q_k$$

$$= -\frac{1}{\varepsilon}\sum_k p_k \delta q_k$$

δq_k は p_l を含まないから，直ちに，

$$\varepsilon\frac{\partial N}{\partial p_l} = -\delta q_l$$

一方，

$$P_l = p_l + \delta p_l \equiv \frac{\partial L}{\partial \dot{Q}_l} = \sum_k \frac{\partial L}{\partial \dot{q}_k}\frac{\partial \dot{q}_k}{\partial \dot{Q}_l}$$

$$= \sum_k p_k \frac{\partial q_k}{\partial Q_l} = \sum_k p_k \frac{\partial(Q_k - \delta q_k)}{\partial Q_l}$$

$$= p_l - \sum_k p_k \frac{\partial \delta q_k}{\partial q_l} = p_l - \frac{\partial}{\partial q_l}\sum_k p_k \delta q_k$$

$$\therefore \quad \delta p_l = \varepsilon\frac{\partial}{\partial q_l}N$$

したがって，$N = -G$. 上の計算では，式 (4.34) を使った．

8. F が t をあらわに含むときは，本文の式 (5.27) のかわりに，

$$\frac{dF}{dt} = \frac{\partial F}{\partial t} + [F, H]_c$$

が成り立つ．

9. 略

参 考 文 献

C. Lanczos, *The Variational Principles of Mechanics* 3rd ed., University of Toronto Press (1964);一柳正和訳,解析力学と変分原理,日刊工業新聞社 (1992)

寺沢寛一,自然科学者のための数学概論 —— 基礎編,岩波書店(1954);自然科学者のための数学概論 —— 応用編,岩波書店(1960)

朝永振一郎,量子力学 I,みすず書房 (1952)

山内恭彦,一般力学,岩波書店 (1959)

山内恭彦,量子力学,培風館 (1968)

品川嘉也,医学・生物系の物理学,培風館 (1976)

小出昭一郎,量子論,裳華房 (1968)

小出昭一郎,量子力学 I,裳華房 (1969);量子力学 II,裳華房 (1970)

H. Goldstein, *Classical Mechanics*, Addison-Wesley (1950);野間・瀬川訳,古典力学,吉岡書店 (1982)

E. T. Whittaker, *A Treatise on The Analytical Dynamics of Particles and Rigid Bodies*, Cambridge University Press (1937);多田・藪下訳,解析力学上・下,講談社 (1977, 1979)

P. A. M. Dirac, *The Principles of Quantum Mechanics* 3rd ed., Clarendon Press (1947);朝永振一郎ほか訳,量子力学 第 4 版,岩波書店 (1968)

高橋 康,物理数学ノート II,講談社 (1993)

大貫義郎,解析力学(物理テキストシリーズ 2),岩波書店 (1987)

山本義隆・中村孔一,解析力学 I, II,朝倉書店 (1998)

猪木慶治・川合 光,量子力学 I, II,講談社 (1994)

あ と が き

　さて，この本を，1章から5章まで読んだ読者は，そのあと，どうすればよいか．だいたい話のすじがわかったと思ったら——特に5章の議論があまり抵抗なく理解できたと思ったら，量子力学を勉強するための古典力学の知識はまあまあ十分であると思ってよいと思う．あとは，Fourier 積分と線形代数の簡単な知識さえあれば，量子力学へ進んでもよいだろう．量子力学自身のむずかしさを別にすれば，技術的な点で困難はないと思うから，まず小出昭一郎 (1968) あたりで腕だめしをしてみるとよい*．量子力学をもっとしっかりと勉強したかったら，朝永振一郎 (1952) から Dirac (1947) にいくにこしたことはないが，最近は，多くの量子力学の教科書が出版されているからもう少し近道をとることもできる．たとえば日本語では，やはり小出昭一郎 (1969；1970) がある．山内恭彦 (1968) もよい．新しくは，猪木慶治・川合光 (1994) で大いに手を使ってみるのもよい．

　1章あたりですでに沈没してしまった読者は，もう少し基礎的な力学の教科書を読み直すことである．たとえば，非常に簡単なものとして，品川嘉也 (1976) の第Ⅰ編——質点と剛体の力学，および第Ⅲ編——振動，波，音を読み直したあとで，また本書に戻ってみられるとよい．

　本書が容易でもっと深く掘り下げてみたいならば，歴史的な記述に詳しい Lanczos (1966)，むずかしいことで有名な Whittaker (1937)，日本における力学教科書の古典山内恭彦 (1959) および大貫義郎 (1987)，アメリカにおける標準教科書 Goldstein (1950) などが適当であろう．解析力学の数学的側面については，最近の山本義隆・中村孔一 (1998) を見られたい．

---

* この本は，解析力学の知識なしに読めるように工夫されているので，量子力学とはどんなものかを手っとり早く勉強するには適当であろう．

索　　引

い

位相空間　92
　　——の体積要素　94
1次元調和振動子　92
位置ベクトル　14
一般化運動量　31, 52, 92
一般化座標　23, 31, 52, 92

う

運動方程式
　　Hamiltonの——　54
　　Heisenbergの——　86
　　Newtonの——　14, 20
運動量保存則　44, 114

え

エンタルピー　127

か

回転　75
角運動量　42, 50, 74, 107
　　——の保存　89
　　固有の——　55

き

球面極座標　15
共役な運動量　54, 56
曲線に囲まれる面積　122
極値問題　35
　　条件つき——　120

く

空間推進　72
　　——の母関数　72

け

ゲージ変換　117

こ

恒等変換　69

さ

座標
　　——変換　24
　　——の無限小推進　71, 106
作用
　　——変数　96
　　——と反作用　39
作用積分　35, 47, 60, 63, 108, 109, 111, 130
　　——の対称性　111
3次元空間の回転　74, 107

し

時間
　　——推進　75, 111
　　——の無限小変換　108
質点
　　——の位置　14
　　——の運動エネルギー　19
自由エネルギー
　　Gibbsの——　128
　　Helmholtzの——　127

重心座標　33
自由度　23, 118
自由粒子　44
受動変数　125
循環座標　41, 42, 43, 57, 67, 141
初期条件　14
振動子　50

す

スカラーポテンシャル　57, 133
スピノル場　129
スピン　55

せ

正準運動方程式　54
正準変換　61, 84, 128
　——論　32, 38, 61, 64
　——に対する不変性　94
正準変数　54
正準方程式　62, 85, 86
全運動量　88, 106
　——保存　88
全エネルギー　19, 28
全角運動量　42

そ

相対座標　33
相反性　85
速度場　96
束縛条件　118

た

対称性　115
　Hamiltonian の——　89
　Lagrangian の——　111
代表点　93
ためし関数　48
単位変換　69

断熱定理　97

ち

中心力場の中の粒子　55, 89
調和振動子　47, 55, 135
　2個の——　99
　Schrödinger 方程式と——　135

て

電子の確率波　129
電磁相互作用
　荷電粒子の——　57
　minimal な——　59
電磁場　129
　——に関する Maxwell 方程式　133

な

内部エネルギー　126

に

2粒子系　43, 88
　——の相互作用　101

ね

熱力学的関数　126

の

能動変数　125

は

場
　——の理論　129
　スピノル——　129
　Klein-Gordon の——　138
　Schrödinger の——　130

ひ

非圧縮性流体　96

非線形振動 47
左手系 73

ふ

複素場 130
複素変換 143
複素変数 59
物質量の定義 105
物理量の定義 104
不変性と保存則 88
不変変換 82

へ

閉曲線と面積 122
ベクトルポテンシャル 57, 133
変数変換 43
変分原理 38, 47, 62

ほ

母関数 66, 68
　　無限小回転の—— 74
　　無限小空間推進の—— 72
　　無限小変換の—— 71, 87, 104
保存則 43
保存量 42, 101
ポテンシャル 15
　　——中の1粒子 40
　　スカラー—— 57, 133
　　ベクトル—— 57, 133

み

右手系 73

む

無限小
　　——の正準変換 80
　　——のパラメーター 70
無限小回転 72
　　——の母関数 74
無限小空間推進の母関数 72
無限小推進
　　座標の—— 71, 106
無限小正準変換 62
無限小変換 70, 83
　　——に移れない正準変換 89
　　——の母関数 71, 87, 104
　　時間の—— 108

ら

落体の運動方程式 115

欧文

Dirac の δ 関数 137
Einstein-de Broglie の関係式 86
Euler-Lagrange の方程式 20, 22, 24, 32, 37, 45, 131
Galilei 変換 113
Gibbs の自由エネルギー 128
Hamilton
　　——の運動方程式 54
　　——の原理 37
　　——の方程式 27, 29, 31
　　——の方法 51
Hamiltonian 28, 52, 87
　　——の対称性 89
Hamilton-Jacobi
　　——の偏微分方程式 60
　　——の方法 68
Heisenberg の運動方程式 86
Helmholtz の自由エネルギー 127
Jacobi の恒等式 85
Jacobian 95
Klein-Gordon
　　——の場 138
　　——の方程式 134
Kronecker の δ 30

Langrange
　——の方程式　20
　——の未定係数　120
　——の未定係数法　38, 118
Lagrangian　20, 24, 40, 42, 43, 130
　——密度　130
　——の対称性　111
　——の多様性　98
　——の不定性　45
　——の変化　105
Legendre
　——変換　123
　——の二重変換　124
Liouville の定理　94, 96
Lorentz の力　57

Maxwell の方程式　133
Newton の運動方程式　14, 20
Noether
　——charge　106, 107, 111, 113
　——の恒等式　105, 107, 111, 112
Poincaré の変換　67, 93
Poisson
　——括弧　69, 79
　——括弧の性質　85
q_i と p_i の間の相反性　85
Schrödinger
　——方程式　132, 135
　——の場　130
trajectory　93

著者紹介

高橋　康　理学博士
1951 年　名古屋大学理学部卒業
現　在　Professor Emeritus, Department of Physics, University of Alberta
　　　　Fellow of Royal Society of Canada
　　　　Fellow of American Physical Society
　　　　Member of Royal Irish Academy
主要著書　『物理数学ノートⅠ，Ⅱ』『電磁気学再入門』『物理のたねあかし１　多量子問題から場の量子場へ』（講談社），『古典場から量子場への道　増補第２版』『量子場を学ぶための場の解析力学入門　増補第２版』（共著，講談社），『物性研究者のための場の量子論Ⅰ，Ⅱ』（培風館）ほか多数

NDC 423　　166 p　　21 cm

量子力学を学ぶための解析力学入門　増補第2版

　　　1978 年 2 月 20 日　第 1 版第 1 刷発行
　　　2000 年 11 月 10 日　増補第 2 版第 1 刷発行
　　　2025 年 7 月 18 日　増補第 2 版第19刷発行

著　者　高橋　康
発行者　篠木和久
発行所　株式会社　講談社
　　　　〒112-8001　東京都文京区音羽2-12-21
　　　　販売　（03）5395-5817
　　　　業務　（03）5395-3615
　　　　KODANSHA
編　集　株式会社　講談社サイエンティフィク
　　　　代表　堀越俊一
　　　　〒162-0825　東京都新宿区神楽坂2-14　ノービィビル
　　　　編集　（03）3235-3701
印刷所　株式会社広済堂ネクスト・半七写真印刷工業株式会社
製本所　株式会社国宝社

落丁本・乱丁本は，購入書店名を明記のうえ，講談社業務宛にお送り下さい．送料小社負担にてお取替えします．なお，この本の内容についてのお問い合わせは講談社サイエンティフィク宛にお願いいたします．定価はカバーに表示してあります．

© Yasushi Takahashi, 2000

本書のコピー，スキャン，デジタル化等の無断複製は著作権法上での例外を除き禁じられています．本書を代行業者等の第三者に依頼してスキャンやデジタル化することはたとえ個人や家庭内の利用でも著作権法違反です．

Printed in Japan

ISBN4-06-153241-3

講談社の自然科学書

新装版 統計力学入門 愚問からのアプローチ	高橋 康・著 柏 太郎・解説	定価 3,520 円
量子電磁力学を学ぶための電磁気学入門	高橋 康・著 柏 太郎・解説	定価 3,960 円
物理数学ノート 新装合本版	高橋 康・著	定価 3,520 円
初等相対性理論 新装版	高橋 康・著	定価 3,300 円
量子場を学ぶための場の解析力学入門 増補第2版	高橋 康／柏 太郎・著	定価 2,970 円
古典場から量子場への道 増補第2版	高橋 康／表 實・著	定価 3,520 円
入門 現代の量子力学 量子情報・量子測定を中心として	堀田昌寛・著	定価 3,300 円
入門 現代の宇宙論 インフレーションから暗黒エネルギーまで	辻川信二・著	定価 3,520 円
入門 現代の力学 物理学のはじめの一歩として	井田大輔・著	定価 2,860 円
入門 現代の電磁気学 特殊相対論を原点として	駒宮幸男・著	定価 2,970 円
入門 現代の相対性理論 電磁気学の定式化からのアプローチ	山本 昇・著	定価 3,300 円
熱力学・統計力学 熱をめぐる諸相	髙橋和孝・著	定価 5,500 円
入門講義 量子コンピュータ	渡邊靖志・著	定価 3,300 円
入門講義 量子論 物質・宇宙の究極のしくみを探る	渡邊靖志・著	定価 2,970 円
入門講義 量子情報科学	渡邊靖志・著	定価 3,850 円
行間がしっかり埋まった 驚くほどていねいな解析力学	渡辺宙志・著	定価 3,520 円
共形場理論入門 基礎からホログラフィへの道	疋田泰章・著	定価 4,400 円
非エルミート量子力学	羽田野直道／井村健一郎・著	定価 3,960 円
ライブ講義 大学1年生のための数学入門	奈佐原顕郎・著	定価 3,190 円
ライブ講義 大学生のための応用数学入門	奈佐原顕郎・著	定価 3,190 円
ライブ講義 大学1年生のための力学入門	奈佐原顕郎・著	定価 2,860 円
基礎から学ぶ宇宙の科学 現代天文学への招待	二間瀬敏史・著	定価 3,080 円
宇宙を統べる方程式 高校数学からの宇宙論入門	吉田伸夫・著	定価 2,970 円
完全独習 相対性理論	吉田伸夫・著	定価 3,960 円
完全独習 現代の宇宙物理学	福江 純・著	定価 4,620 円
明解 量子重力理論入門	吉田伸夫・著	定価 3,300 円
明解 量子宇宙論入門	吉田伸夫・著	定価 4,180 円
物理のためのデータサイエンス入門	植村 誠・著	定価 2,860 円
マーティン／ショー 素粒子物理学 原著第4版	B. R. マーティン／G. ショー・著 駒宮幸男／川越清以・監訳 吉岡瑞樹／神谷好郎／織田 勲／末原大幹・訳	定価 13,200 円

※表示価格には消費税（10％）が加算されています。

「2025 年 7 月現在」

講談社サイエンティフィク　https://www.kspub.co.jp/